引领信息资讯潮流
称雄建筑信息市场

麦格劳－希尔建筑信息公司 (McGraw Hill Construction) 将建筑业信息与资讯完美地结合在一起，领跑业界百余年，不断树立新标准。

我们享有盛誉的道奇(Dodge)、斯维茨(Sweets)、建筑实录(Architectural Record)、工程新闻记录(Engineering News-Record)、地区出版物，以及行业门户网站www.construction.com构成我们强大的信息资源网。所有这一切为全球3万4千亿美元的建筑市场赢得了超过一百万家客户。

拓 展 海 外 建 筑 市 场

最佳连接
麦格劳－希尔建筑信息公司凭借其丰富的产品与服务，不但能够帮助您建立更强大、更广泛的业务联系，更可使美国或世界其他地方的决策者迅速了解您的情况，使您的工作更加简便、迅速。

明智决策
从行业新闻及趋势，到项目信息和产品信息，麦格劳-希尔建筑信息公司为中国建筑企业带来了成功开拓海外市场的钥匙：必要的工具，资源及措施。拥有这一切，无论形势如何变幻莫测，您都可以了然于胸，做出更明智的决定。

成就非凡
在建筑业，打造关系胜于一切。一个多世纪以来，麦格劳-希尔建筑信息公司成功运用其丰富经验和资源，帮助不计其数的企业一步步成长为业界领袖。让我们来帮助您，在美国及海外建筑市场打下一片天地。请现在就与我们联系，告知我们您的需求。

联系人：许敏达
业务拓展高级主管
Minda Xu
Senior Director, Business Development
McGraw-Hill Construction

Two Penn Plaza, 9th Fl.
New York, NY 10121
212-904-3519 Tel
212-904-4460 Fax
minda_xu@mcgraw-hill.com

McGraw_Hill CONSTRUCTION

Dodge
Sweets
Architectural Record
ENR
Regional Publications

Find us online at www.construction.com

玻璃、涂料、油漆
PPG的解决方案

一个国际化的公司
创建于1883年，PPG工业公司，拥有资产95亿美元，其制造业涵盖涂料、玻璃、玻璃纤维和化学产品。PPG在全球设有170家工厂，34,000名雇员，在世界各地均设有研究和开发中心。

在建筑材料业居世界领先地位
PPG是世界上最具有经验和创新精神的建筑材料制造商之一，提供各种节能的建筑玻璃产品，性能卓著的金属涂料以及符合于PPG环保生态要求的建筑油漆。

PPG *IdeaScapes*™ 产品、服务和员工满足您对建筑的需求。欲了解更多有关PPG以及我们的建筑材料的讯息，请致电852.2860.4536或发送电子邮件到tcheng@ppg.com。

左上：新广州白云国际机场（PPG室内建筑涂料）
左中：香港国际金融中心二期（PPG金属涂料）
左下：PPG国际总部，美国宾夕法尼亚州匹茨堡市（PPG 玻璃，PPG 金属涂料）
中上：香港国际展览及会议中心（PPG 玻璃）
右上：上海金茂大厦及君悦酒店（PPG室内建筑涂料）

Ideascapes, PPG和PPG的标志是PPG工业公司的注册商标。

ARCHITECTURAL RECORD

EDITOR IN CHIEF	Robert Ivy, FAIA, rivy@mcgraw-hill.com
MANAGING EDITOR	Beth Broome, elisabeth_broome@mcgraw-hill.com
DESIGN DIRECTOR	Anna Egger-Schlesinger, schlesin@mcgraw-hill.com
DEPUTY EDITORS	Clifford Pearson, pearsonc@mcgraw-hill.com
	Suzanne Stephens, suzanne_stephens@mcgraw-hill.com
	Charles Linn, FAIA, Profession and Industry, linnc@mcgraw-hill.com
SENIOR EDITORS	Sarah Amelar, sarah_amelar@mcgraw-hill.com
	Sara Hart, sara_hart@mcgraw-hill.com
	Deborah Snoonian, P.E., deborah_snoonian@mcgraw-hill.com
	William Weathersby, Jr., bill_weathersby@mcgraw-hill.com
	Jane F. Kolleeny, jane_kolleeny@mcgraw-hill.com
PRODUCTS EDITOR	Rita F. Catinella, rita_catinella@mcgraw-hill.com
NEWS EDITOR	Sam Lubell, sam_lubell@mcgraw-hill.com
DEPUTY ART DIRECTOR	Kristofer E. Rabasca, kris_rabasca@mcgraw-hill.com
ASSOCIATE ART DIRECTOR	Clara Huang, clara_huang@mcgraw-hill.com
PRODUCTION MANAGER	Juan Ramos, juan_ramos@mcgraw-hill.com
WEB EDITOR	Randi Greenberg, randi_greenberg@mcgraw-hill.com
WEB DESIGN	Susannah Shepherd, susannah_shepherd@mcgraw-hill.com
WEB PRODUCTION	Laurie Meisel, laurie_meisel@mcgraw-hill.com
EDITORIAL SUPPORT	Linda Ransey, linda_ransey@mcgraw-hill.com
ILLUSTRATOR	I-Ni Chen
EDITOR AT LARGE	James S. Russell, AIA, james_russell@mcgraw-hill.com
CONTRIBUTING EDITORS	Raul Barreneche, Robert Campbell, FAIA, Andrea Oppenheimer Dean, Francis Duffy, Lisa Findley, Blair Kamin, Elizabeth Harrison Kubany, Nancy Levinson, Thomas Mellins, Robert Murray, Sheri Olson, AIA, Nancy Solomon, AIA, Michael Sorkin, Michael Speaks, Tom Vonier, AIA
SPECIAL INTERNATIONAL CORRESPONDENT	Naomi R. Pollock, AIA
INTINTERNATIONAL CORRESPONDENTS	David Cohn, Claire Downey, Tracy Metz
GROUP PUBLISHER	James H. McGraw IV, jay_mcgraw@mcgraw-hill.com
VP, ASSOCIATE PUBLISHER	Laura Viscusi, laura_viscusi@mcgraw-hill.com
VP, GROUP EDITORIAL DIRECTOR	Robert Ivy, FAIA, rivy@mcgraw-hill.com
GROUP DESIGN DIRECTOR	Anna Egger-Schlesinger, schlesin@mcgraw-hill.com
DIRECTOR, CIRCULATION	Maurice Persiani, maurice_persiani@mcgraw-hill.com
	Brian McGann, brian_mcgann@mcgraw-hill.com
DIRECTOR, MULTIMEDIA DESIGN & PRODUCTION	Susan Valentini, susan_valentini@mcgraw-hill.com
DIRECTOR, FINANCE	Ike Chong, ike_chong@mcgraw-hill.com
PRESIDENT, MCGRAW-HILL CONSTRUCTION	Norbert W. Young Jr., FAIA

EDITORIAL OFFICES: 212/904-2594. Editorial fax: 212/904-4256. E-mail: rivy@mcgraw-hill.com. Two Penn Plaza, New York, N.Y. 10121-2298. **WEB SITE:** www.architecturalrecord.com. **SUBSCRIBER SERVICE:** 877/876-8093 (U.S. only). 609/426-7046 (outside the U.S.). Subscriber fax: 609/426-7087. E-mail: p64ords@mcgraw-hill.com. AIA members must contact the AIA for address changes on their subscriptions. 800/242-3837. E-mail: members@aia.org. **INQUIRIES AND SUBMISSIONS:** Letters, Robert Ivy; Practice, Charles Linn; Books, Clifford Pearson; Record Houses and Interiors, Sarah Amelar; Products, Rita Catinella; Lighting, William Weathersby, Jr.; Web Editorial, Randi Greenberg

McGraw_Hill CONSTRUCTION — The McGraw·Hill Companies

This Yearbook is published by China Architecture & Building Press with content provided by McGraw-Hill Construction. All rights reserved. Reproduction in any manner, in whole or in part, without prior written permission of The McGraw-Hill Companies, Inc. and China Architecture & Building Press is expressly prohibited.

《建筑实录年鉴》由中国建筑工业出版社出版，麦格劳希尔提供内容。版权所有，未经事先取得中国建筑工业出版社和麦格劳希尔有限总公司的书面同意，明确禁止以任何形式整体或部分重新出版本书。

建筑实录 年鉴 VOL.1/2006

主编 EDITORS IN CHIEF
Robert Ivy, FAIA, rivy@mcgraw-hill.com
赵晨 zhaochen@china-abp.com.cn

编辑 EDITORS
Clifford Pearson, pearsonc@mcgraw-hill.com
率琦 shuaiqi@china-abp.com.cn
戚琳琳 qll@china-abp.com.cn

新闻编辑 NEWS EDITOR
Sam Lubell, sam_lubell@mcgraw-hill.com

撰稿人 CONTRIBUTORS
Jen Lin-Liu, Dan Elsea, Shirley Chang

美术编辑 DESIGN AND PRODUCTION
Anna Egger-Schlesinger, schlesin@mcgraw-hill.com
Kristofer E. Rabasca, kris_rabasca@mcgraw-hill.com
Clara Huang, clara_huang@mcgraw-hill.com
Juan Ramos, juan_ramos@mcgraw-hill.com
冯彝诤
许萍 picachuxu@163.com

特约顾问 SPECIAL CONSULTANT
支文军 ta_zwj@163.com
王伯扬

翻译 TRANSLATORS
戴春 springdai@gmail.com
徐迪彦 diyanxu@yahoo.com
凌琳 nilgnil@gmail.com

中文制作 PRODUCTION, CHINA EDITION
同济大学《时代建筑》杂志工作室

中文版合作出版人 ASSOCIATE PUBLISHER, CHINA EDITION
Minda Xu, minda_xu@mcgraw-hill.com
张惠珍 zhz@china-abp.com.cn

市场营销 MARKETING MANAGER
Lulu An, lulu_an@mcgraw-hill.com
白玉美 bym@china-abp.com.cn

广告制作经理 MANAGER, ADVERTISING PRODUCTION
Stephen R. Weiss, stephen_weiss@mcgraw-hill.com

印刷/制作 MANUFACTURING/PRODUCTION
Michael Vincent, michael_vincent@mcgraw-hill.com
Kathleen Lavelle, kathleen_lavelle@mcgraw-hill.com
Carolynn Kutz, carolynn_kutz@mcgraw-hill.com
王雁宾 wyb@china-abp.com.cn

著作权合同登记图字：01-2006-2129 号

图书在版编目（CIP）数据
建筑实录年鉴. 2006.1/《建筑实录年鉴》编委会编—北京：
中国建筑工业出版社，2006
ISBN 7-112-08231-5
Ⅰ. 建… Ⅱ. 建… Ⅲ. 建筑实录 - 世界 -2006- 年鉴 Ⅳ. TU206-54
中国版本图书馆 CIP 数据核字（2006）第 026506 号

建筑实录年鉴 VOL.1/2006

中国建筑工业出版社出版、发行（北京西郊百万庄）
新华书店经销
上海当纳利印刷有限公司印刷
开本：880 × 1230 毫米 1/16 印张：4¼ 字数：180 千字
2006 年 4 月第一版 2006 年 4 月第一次印刷
印数：1 — 10000 册
定价：**29.00 元**
ISBN 7-112-08231-5
（14185）

版权所有 翻印必究
如有印装质量问题，可寄本社退换
（邮政编码 100037）
本社网址：http://www.china-abp.com.cn
网上书店：http://www.china-building.com.cn

ASSA ABLOY

我们致力于提供最佳的锁具产品和安防方案，使我们的世界更安全，生活更有保障！

ASSA ABLOY集团是全球锁具以及安防方案的领导者，一直致力于向顾客提供最安全、可靠和便捷的服务。

ASSA ABLOY集团提供以下的最佳解决方案：

- 建筑用锁
- 工业用锁
- 门和窗、五金件和零配件
- 身份识别系统
- 逃生门五金
- 防盗门

我们的优势，就是您的保障：

- 专业的产品技术
- 强大的研发能力和生产能力
- 誉满全球的品牌
- 涵盖全球的商业范围，同时针对地区需求而服务
- 雄厚的集团背景

亚萨合莱安制品有限公司
亚萨办事处
上海市静安区成都北路333号
招商局广场南楼 602室
邮编：200041
电话：+86-021-5298 1136
传真：+86-021-5298 0416

亚萨合莱安制品有限公司
亚萨办事处
北京市朝阳区东三环南路25号
北汽大厦 801室
邮编：100021
电话：+86-010-8766 5845/5465
传真：+86-010-8766 3804

亚萨合莱安制品有限公司
亚萨办事处
深圳市福田保税区红花路1001号
国际商贸中心5B栋210号
邮编：518038
电话：+86-755-8359 8260
传真：+86-755-8359 8261

ASSA ABLOY North America International Ltd.
6940 Edwards Blvd., Mississauga, Ontario,
Canada L5T 2W2
Tel: +1-905-564-5854
Fax: +1-905-564-8182

ARCHITECTURAL RECORD

建筑实录 年鉴 VOL.1/2006

封面图片:《商业周刊》/《建筑实录》中国奖获奖作品
右图: 柿子林会所

专栏 DEPARTMENTS
7　新闻 News

专题报道 FEATURES
《商业周刊》/《建筑实录》中国奖 BUSINESS WEEK / ARCHITECTURAL RECORD CHINA AWARDS

11　篇首语 Introduction
　　遍布中国的16项获奖作品昭示好设计创造好效益
　　By Clifford A. Pearson and 赵晨

12　鹿野苑石刻博物馆 Luyeyuan Stone Sculpture Museum
　　Jiakun Architect & Associates

14　玉湖小学及社区中心设计 Yuhu Elementary School and Community Center
　　Li Xiaodong Atelier

16　深圳市国土局办公楼 Shenzhen Urban Planning Bureau
　　Urbanus

18　建外 SOHO Jian Wai SOHO
　　Riken Yamamoto & Field Shop

20　柿子林会所 Villa Shizilin
　　Atelier Feichangjianzhu

22　上海东方汇景苑 Longyang Residential Complex
　　MADA s.p.a.m.

24　朱家角康桥水乡小城 Zhujiajiao Cambridge Water Town
　　Ben Wood Studio Shanghai

26　青浦私营企业协会办公楼 Qingpu Private Enterprise Association
　　Atelier Deshaus

28　嘉年华中心 Jianianhua Center
　　Skidmore, Owings & Merrill

30　草海北岸 Caohai North Shore
　　Sasaki Associates

31　桥南古村落历史保护规划 Qiaonan Village Historic Preservation Scheme
　　EDAW

32　"二合为一"住宅 Two To One House
　　Chang Bene Design

33　丽江古城的保护规划及信托基金 Lijiang Ancient Town Conservation Plan and Trust
　　Tongji Shanghai University Department of Urban Design and Planning

33　建福宫花园 Jianfu Palace Garden
　　Tsao & McKown, Pei Partnership, The Palace Museum

34　北京奥林匹克公园 Beijing Olympic Green
　　Sasaki Associates

36　瑞安房地产发展有限公司 Shui On Land Ltd.

作品介绍 PROJECTS

38　B·屈米的圆滑柔曲的建筑表皮提升了日内瓦郊外江诗丹顿公司总部和工厂的形象
　　Bernard Tschumi's Sleek, Curvilinear Skin Heightens the Profile of the Vacheron Constantin Headquarters and Factory Outside Geneva
　　By Suzanne Stephens

46　Z·哈迪德为宝马公司大院设计的中心大楼创造了一条纽带,使人与车联系在一起
　　Zaha Hadid Provides the Connective Tissue for a BMW Complex by Designing A Central Building that Brings People and Cars Together.
　　By Raul A. Barreneche

56　福克萨斯工作室将玻璃与钢像织物一样,披覆于作为商贸和时尚会展中心的米兰博览馆
　　Studio Fuksas Drapes Glass and Steel as if it were Fabric over its Milan Trade Fair, a Convention Center for Trade and Fashion
　　By Paul Bennett

64　雅各布+麦克法兰事务所将旧有的一个厂房综合体改造成雷诺汽车公司集团的展示中心,使其重焕生机 Jakob + MacFarlane Transforms an Existing Shed, Erected for a Factory Complex, Into the Vibrant Renault Square Com Communications Center
　　By Philip Jodidio

70　Krueck & Sexton 设计的新颖的舒尔技术中心与已有建筑相映成辉,共同构筑一个新的公司总部 Krueck & Sexton Designed the Sleek New Shure Technology Center to Complement An Existing Building and Define a Corporate Campus
　　By Cheryl Kent

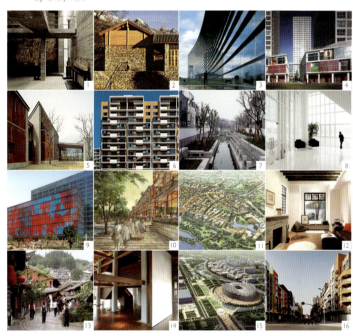

1. 鹿野苑石刻博物馆。2. 玉湖小学及社区中心设计。3. 深圳市国土局办公楼。4. 建外 SOHO。5. 柿子林会所。6. 上海东方汇景苑。7. 朱家角康桥水乡小城。8. 青浦私营企业协会办公楼。9. 嘉年华中心。10. 草海北岸。11. 桥南古村落历史保护规划。12. "二合为一"住宅。13. 丽江古城的保护规划及信托基金。14. 建福宫花园。15. 北京奥林匹克公园。16. 瑞安房地产发展有限公司

您可以在以下网站找到这些文章: www.architecturalrecord.com 或者 www.construction.com

新闻 News

上海附近小岛计划建成世界上第一个环境可持续发展城市

在经济飞速发展和开发未经节制的情况下，中国已经逐渐意识到环境健康的问题。而Arup的一项建成所谓世界上第一个可持续发展城市的计划则表明，这个国家已经处于向另一个方向的转变之中了。

Arup公司最近和上海实业集团(SIIC)有限公司签署了开发东滩的合同。东滩位于上海附近，中国第三大岛上。基地面积相当于3/4个曼哈顿那么大（约88km²），目前大部分还都是农业用地。但是到2010年占地700 hm²的一期工程完成时，它就会成为一个容纳5万居民生活、购物和工作的混合型城市。建筑大多为5-8层，由三个村庄构成城市的中心，每一个村庄都拥有自己的住房、商店、学校和服务设施。

到2010年将有约5万人口居住在东滩。

该项目最重要的使命是将开发对环境造成的影响减小到最低程度。"如果中国继续像现在这样发展下去，那么他们的环境将受到永久性的损害，"Arup此项目的主要负责人Peter Head说，"他们不希望重走西方工业化发展的老路，而是希望找到新的途径来持续发展，同时减小危害。"

可持续发展策略几乎贯穿在Arup正在进行的总体规划的每个元素中。许多街道将被设置成小路而非大道，从而鼓励步行、汽车和公共交通。小汽车和卡车将使用氢或燃料电池来代替石油。建筑将依靠风动涡轮光电板和垃圾处理来获得能源，同时采用有机和生物可降解的材料进行建造，因此垃圾可转化成能量或者通过一个叫"厌氧消化器"的装置转化成复合肥。

城市建造时将进行严格的生态分析来计算居民的人均消费能源量。其结果表明该数字约等于美国城市平均值的1/5或中国主要城市的1/4。当充分开发以后，岛上还将保留40%的农田来自给自足。大多数居民，Head补充说，都将就近工作以减少交通量。

Head称，设计指导方针还没有完全确定下来。但这个城市将设有一个旅游休闲中心，预期在2010年世博会之前完工。SIIC计划在这儿建造一个游览胜地和一系列地标性建筑，不久后就将为此而举办一个建筑竞赛。

Head认为，东滩应该成为未来中国发展的原型；同时，它也应该成为中国发展环境技术和绿色产品并向世界其他地区推广的第一步。
(Sam Lubell著，李书音译，徐迪彦、戴春校)

广州天际线将增425m高塔

正当建筑新闻界被北京和上海强烈吸引着的时候，广州也正在启动一系列由国际明星建筑师参与的重大建筑项目。最近即将公布的一个项目名为新城西塔，它将会成为全国最高的建筑之一。

通过国际竞赛的选拔，英国威尔金森·艾尔建筑事务所将担纲设计这座投资7.14亿美元、高425m的大厦。这座大厦总计110层，其中65层将用作办公空间，其上将有一家拥有370间客房的超五星级酒店。该项目位于城北的广州珠江新城，是这个庞大的多功能商务区的一部分。

西塔预计于2009年竣工，届时将赶上2010年广州亚运会。目前中国已建成的高楼中没有超过425m高度的，但如果由KPF设计的高485m的上海环球金融中心于2007年顺利建成的话，它将超越新城西塔的高度。

新城西塔采用了环三角形基础底板，这将减少水平风压，同时使同一楼层可由三个不同的房客租赁。双层玻璃外立面由钢筋混凝土斜肋构架支撑。建筑师通过设计使西塔的三个立面偏开一些角度，以避开东西向的强烈阳光照射，同时在双层玻璃之外增加遮阳百叶，以期建筑能达到吸热最小化及节能最大化的状态。建筑内部，3m的顶棚高度将给办公及宾馆房间带来更加宽敞的感觉。Arup与威尔金森·艾尔建筑事务所合作完成了概念设计，由华南设计院进行施工。

威尔金森·艾尔建筑事务所的负责人克里斯·威尔金森谈到，这座建筑在展现"扣人心弦"一面的同时，也将展现出"典雅宁静"的一面。广州其他重要的项目还包括Z·哈迪德的广州歌剧院和严迅奇的广东博物馆
(Sam Lubell著，孙乐译，徐迪彦、戴春校)

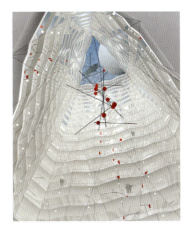

塔的顶部将会设有一家宾馆。

新闻 News

安藤忠雄的上海设计中心

为纪念100周年校庆,同济大学将兴建上海设计中心。它将成为中国首例综合科研和展览功能的建筑设计设施,目前正由日本建筑师安藤忠雄进行设计。

预计于2007年开幕的上海设计中心将表现出脱离安藤标志性的禅宗式极简主义和混凝土美感的倾向。

项目由两栋主要建筑组成:一栋25层的高层将容纳展厅、办公室、设计公司和个人事务所的工作室;另一栋位于南面的4层建筑同画廊、展示室和餐馆围合成了一个庭院,这个庭院将成为中心公共活动的主要场所。安藤将高层设计为一个"有力的象征性的形体",整体构思则是"一栋像上海这个城市本身一样强大而有活力的建筑,而不会屈服于这个城市所辐射出的巨大能量"。在他的设计里,玻璃幕墙内包裹的是棱角分明的块体,夺人眼球。

设计高层建筑对于安藤来说可谓是一个新的挑战,因为他以擅长设计冥想建筑、博物馆和文化设施而闻名,通常低低地俯就着地面,四周是如画的自然风光。"在每个项目中,我尽量通过与该地点相关的各种事物如城市、历史、社会和自然来激发场所的潜力,"安藤指出,"有时候,我的目标是揭示场所的记忆并通过建筑使之昭然于世"。

安藤在上海接受委托表征了他日益增长的国际声誉。在1995年赢得普利茨克奖之前,他主要在日本本土工作。但是今天,他的作品不光在亚洲各地而且在欧洲和美洲崛起。他的位于得克萨斯州沃斯堡(Fort Worth)的现代艺术博物馆于2002年底揭幕,好评如潮。最近,他正在马萨诸塞州为Clark艺术协会设计新的一翼建筑,并正在为Fondation François Pinault将威尼斯Palazzo Grassi豪华府邸改建成当代艺术博物馆。

(Daniel Elsea著,李书音译,徐迪彦、戴春校)

画廊餐馆围合成了一个庭院

SOM有意在广东建造零能耗写字楼

去年秋天,广东省烟草公司为新总部大楼方案招标,公司要求建筑师们结合可持续性的概念进行设计。SOM芝加哥事物所将此项目作为一个挑战,提交了一个高300m的大楼方案,并宣称此楼无需能源运转。这个正式名称为广东省烟草大楼,但通常被叫做零能耗大楼的方案最后被评为三个优胜方案之一,等待最终的获胜者公布。

戈登·吉尔(Gordon Gill)在SOM事物所工作,她与阿德里安·史密斯(Adrian Smith)、工程师罗杰·弗雷谢特(Roger Frechette)共同完成这个方案。她说:"我们做了许多有关高楼节能方面的研究,我们认为这是展示如何使一个大的建筑能从当地的环境中获得可资利用的能源的一个很好的机会。"

大楼的主立面朝南,利用从此方向吹来的主导风可以驱动安于大楼两个独立的机械楼层的一系列风涡轮。弗雷谢特说立面上曲形表面的设计是为了将风能最大化。

南立面安装了双层玻璃,且采用机械通风,同时与外立面安为一体的百叶可以随着太阳角度和强度的变化进行自动调节。建筑通风则是通过一个被动的除湿系统除去空气中的湿气。弗雷谢特说尽管广东很潮湿,属于亚热带气候,但计算结果表明,此系统的利用将会十分成功。

这座大楼还有其他的节能策略。其中之一是一种独特的地热系统,结合了大楼潜水箱,并与高效率的冷却器相连,这样可以将机械设备的尺寸缩小30%。设计者称与传统的采暖通风与空调的制冷能耗相比,铺于每层的辐射冷却板可以减少所需能耗的40%。安于地板下的置换通风将进一步降低制冷能耗,同时可以改善室内的空气质量。更重要的一点是,通过这些采暖通风与空调策略使顶棚高度得到改善,于是设计师得以在符合项目要求的前提下降低几层高度,这样可以削减管理和维护大楼的费用。

(Deborah Snoonian,P.E.著,孙乐译,徐迪彦、戴春校)

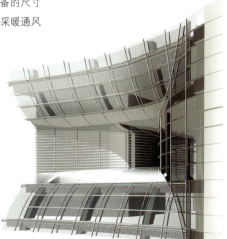

大楼将利用风力驱动安装于两个机械层的涡轮。

每一块墙体,
每一级台阶,
我们都用心制造。

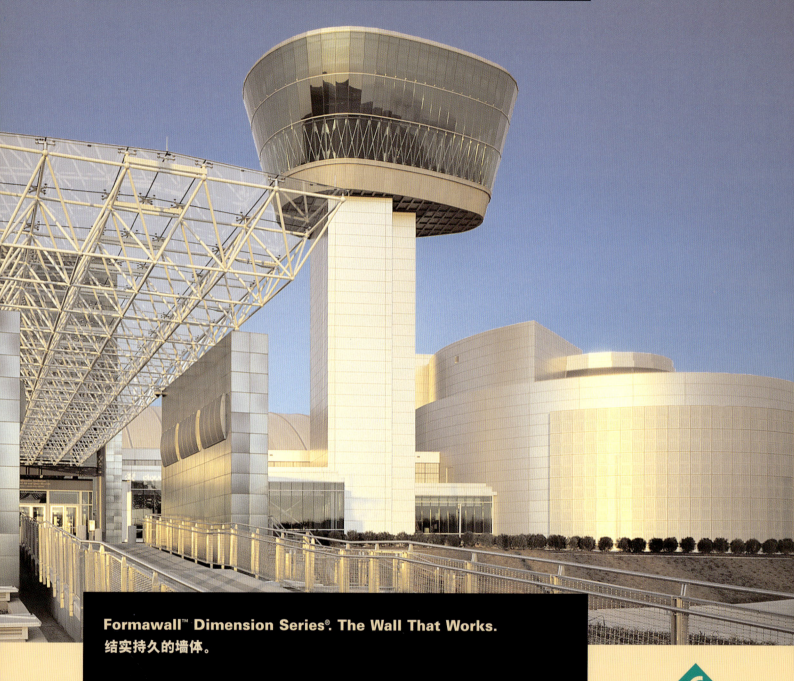

Formawall™ Dimension Series®. The Wall That Works.
结实持久的墙体。

湿度控制和节能效率是当今墙体设计领域中两个最重要的问题。CENTRIA 的产品工程师们熟知要想使一面墙屹立数年,就不能使用受水或湿气侵蚀的材料来建造。他们也熟知带有冷点的墙体会引起破坏性的冷凝作用。

CENTRIA 的每块绝缘金属复合板均适于各种气候,并灵巧地利用专利技术和自然物理规律来抵御潮气的侵蚀。绝缘板结构可靠,并可节约加热和冷却建筑物的成本。

www.CENTRIA.com

中国: +86.21.5831.2718
迪拜: +971.4.339.5110
新加坡: +65.6.2276.838
北美: 1.800.752.0549

2006

《商业周刊》/《建筑实录》

中国奖

BUSINESS WEEK / ARCHITECTURAL RECORD CHINA AWARDS

遍布中国的16项获奖作品昭示好设计创造好效益

16 Winners From Around China Show How Good Design is Good Business

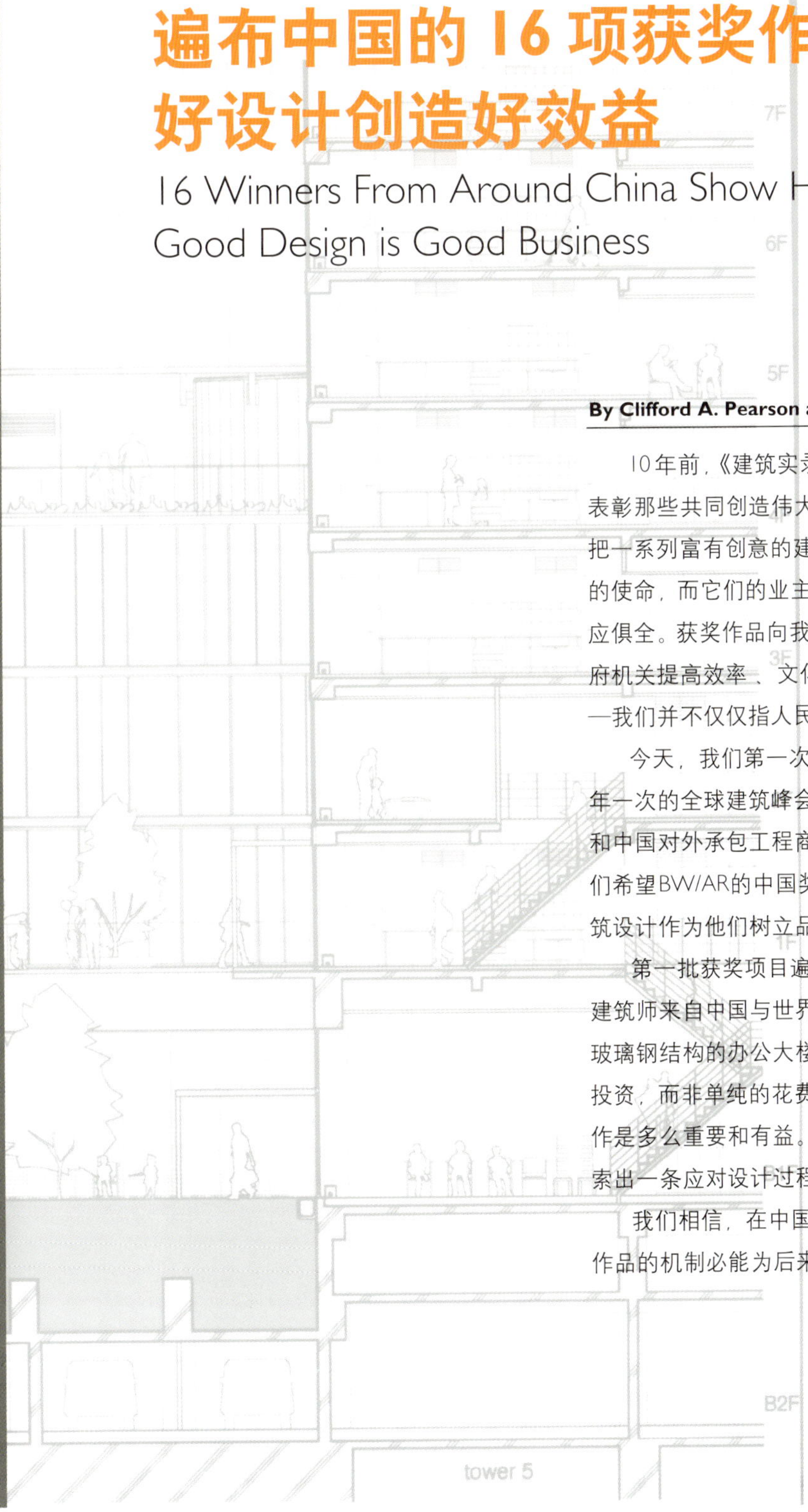

By Clifford A. Pearson and 赵晨

10年前,《建筑实录》和姐妹刊物《商业周刊》联手设立了一个奖项,用以表彰那些共同创造伟大建筑的建筑师和业主们。这项计划获得了巨大的成功,把一系列富有创意的建筑作品推到了前台。这些作品都很好地完成了业主交给的使命,而它们的业主也是各色各样,从私营企业到政府机关乃至文化组织一应俱全。获奖作品向我们证实,好的建筑设计能够帮助公司企业增加盈利、政府机关提高效率、文化组织飙升人气。所以我们说:"好设计创造好效益"——我们并不仅仅指人民币或者美元。

今天,我们第一次把这个奖项引进中国。我们计划每两年颁发一次,与两年一次的全球建筑峰会同期进行。全球建筑峰会是由麦格劳-希尔建筑信息公司和中国对外承包工程商会联合举办的,而前者也是《建筑实录》的母公司。我们希望BW/AR的中国奖能够为中国最好的建筑作品立传,激励中国的业主将建筑设计作为他们树立品牌形象、表述企业信念、整合劳动力资源的有力武器。

第一批获奖项目遍布中国各地,从丽江、重庆一直到深圳、北京。它们的建筑师来自中国与世界;它们的类型既有用当地石材建造的小学校,也有现代玻璃钢结构的办公大楼。但它们都有一个共同的理念,那就是把设计看成一种投资,而非单纯的花费。同时,它们也告诉我们,建筑师和业主之间的通力合作是多么重要和有益。他们应当在一起重新思考一些建筑学的基本认识,并探索出一条应对设计过程中各项挑战的新路。

我们相信,在中国当前这一股史无前例的建筑大潮中,我们这种奖励杰出作品的机制必能为后来者提供效仿的模式。

鹿野苑石刻博物馆
Luyeyuan Stone Sculpture Museum

地点：四川成都郫县新民镇
建筑师：家琨建筑师事务所
业主：湘财证券工会

鹿野苑石刻博物馆如同一个考古挖掘的出土文物一样，将自身的神秘性自上而下一层层地剥开，让穿梭其间的游客时有发现的惊喜感觉。穿过驾于小莲花池上的斜坡就来到了二楼的展览陈列馆，这座位于四川省境内的建筑面积900m² 的建筑物将振奋人心的场景呈现在了我们的面前。其间的展品包括了自汉代（公元前206年-公元220年）至宋代（公元960年-公元1125年）的众多佛像雕刻。

由于博物馆内皆为石刻品，因此建筑设计师刘家琨希望这个博物馆能为人们讲述一段"人工石刻建筑史"。为了达成这个希望，他为博物馆设计了非同寻常的框架结构与清水混凝土及页岩砖组合墙，以现浇筑混凝土为外墙，并以页岩砖为内模。由于四川当地建筑行业的一些限制，刘家琨用内砖墙代替模板，这样做可确保在墙上进行垂直浇筑。页岩砖的采用使得浇筑混凝土时在混凝土模板上形成一个个格子模型，这样便在墙上形成纹路并掩盖了暴露在表面的材料的凹凸不平这一缺点。

刘家琨在室内使用了和外部同样粗糙的混凝土墙面，使整个博物馆给人以"地下宫殿"的感觉。在石砌交叉处嵌入清澈的玻璃，并且在西立面留

出一个大大的凹处来容纳入口的斜坡，这样一来，刘家琨便在实与虚、天与地之间建立起了强有力的对话。

尽管位于府河之畔的小小鹿野苑石刻博物馆占地仅0.6 hm²，但是刘家琨特别关注行走在博物馆周围及穿梭其间所带给人们的感受。首先，他种植了一批树木将博物馆与露天停车场在视野上相互隔开，接着他为参观者设计了一条弯弯曲曲的路径通向博物馆。如此一来，当参观者抵达博物馆时，他们早已将平日的烦恼抛诸脑后，并已做好了欣赏古代佛像雕刻艺术的准备。

当参观者从二楼进入博物馆时，会穿过一个室内的桥，这座桥将2层楼的空间一分为二，带给参观者一种强烈的仿佛旅行一般的感觉。爬上室外的梯子便可到达二楼的展览厅围合起来的平台屋顶，在屋顶可以欣赏到府河及其周边地区的风景，显得格外吸引人。在楼下，建筑师设置了更多的展厅、一个小型的多功能厅以及一间办公室。

与许多新造建筑物宛若外星来客，无法融入当地文化或建筑传统不同的是，鹿野苑石刻博物馆的设计深刻地植根于当地的风俗与社会。刘家琨运用粗糙材质的简单色调和现代形式的强大语汇，创造了夺人眼球的设计，并且着重强调了博物馆蕴涵的佛教艺术的精神力量。

由于博物馆内皆为石刻品，因此建筑设计师刘家琨希望这个博物馆能为人们讲述一段"人工石刻建筑史"。

(By Clifford A. Pearson 缪诗文 译 徐迪彦、戴春 校)

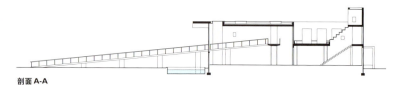

剖面A-A

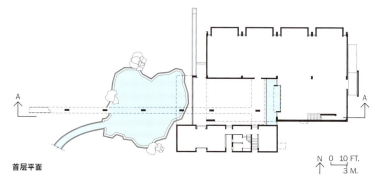

首层平面

由于博物馆内皆为石刻品,因此建筑设计师刘家琨希望这个博物馆能为人们讲述一段"人工石刻建筑史"。

玉湖小学及社区中心设计
Yuhu Elementary School and Community Center

地点：云南丽江
建筑师：李晓东工作室
业主：玉湖村

直至最近，位于云南省西北部的世界文化遗产丽江纳西族村落还没有一个正式的公共集会场所。清华大学教授、建筑师李晓东说："他们过去都是在露天空地上聚会。"但是现在，玉湖小学及社区中心的出现为当地居民提供了极好的庭院和有顶长廊进行社交活动，表演传统舞蹈乃至举办展览。整个建筑群包括两幢能容纳160名学生的2层教学楼和一个带有展示空间的独立社区大厅。

这一项目运用现代手法重新诠释了纳西族独特的设计风格，打破了纳西四合院一贯的方形布局，而采用了Z字形将其三个体块有机地结合起来。传统的屋顶曲线被拉直，老式的山墙装饰也被简化为木制格栅。由于传统的纳西住宅开窗较小，设计师李晓东就采用了较大的窗玻璃以增加室内的日照，并且在庭院里建造了一座波光粼粼的水池，以此向以水为魂的纳西文化致敬。

李晓东在设计中也改进了当地的一些建筑元素来增加抵抗地震的能力。他在石墙中间隔一定距离安插竖直方向的钢筋和水平金属网，且用钢筋混凝土的地基来代替传统的石础。设计师也运用了一些传统的设计手法，比如采用灰白色砖瓦和将内部空间以传统的正开间划分。

李晓东在接到这个项目时还是新加坡国立大学的一名教授，他是把该项目的设计与研究融为一体的。且早在设计之前，他和他的几位学生就对当地的风俗习惯、建筑材料及建造技术进行了研究。

基地是由当地一位村民捐赠的，与著名的美籍奥地利植物学家和《美国国家地理》杂志记者约瑟夫·弗朗西斯·查尔斯·罗克（Joseph Francis Charles Rock）的故居毗邻。

尽管新加坡的李氏基金会（Lee Foundation）和悦榕度假酒店集团（Banyan Tree Hotels and Resorts）为此提供了4万美元的建设基金，但在建设过程中当地居民的积极参与也起着不可忽视的作用。李晓东和他的一个博士研究生指挥着由当地50个村民组成的施工队——他们都是农民而非建筑工人——来完成这一项目。虽然这些村民的技术不甚娴熟，也看不懂图纸，但设计师对最后的建成成果还是非常满意的。况且在这么一个贫穷偏远的地方，李晓东有时必须要应付一些突发事件。比如，由于当地对伐木的限制，木材的供应也成了问题，李晓东就利用他与当地地方官员的关系，买来了以前没收的违法砍伐木材。但期间最大的挑战是2003年SARS流行的那个春天，面临着停工的威胁。虽然当时许多原本要参与这一项目的学生都因此取消了计划，但李晓东还是将这一项目如期完成——在那段大半个中国都已经陷入停滞状态的时间里，这无疑是个极大的成就。

（By Jen Lin-Liu 胡沂佳 译 徐迪彦、戴春 校）

李晓东用细腻的现代设计语言诠释、简化和提炼了纳西族传统的建筑形式。

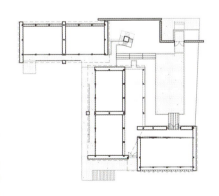
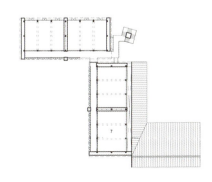

《商业周刊》/《建筑实录》中国奖
BUSINESS WEEK / ARCHITECTURAL RECORD CHINA AWARDS
公共建筑 PUBLIC

深圳市国土局办公楼
Shenzhen Urban Planning Bureau

地点：广东深圳
建筑师：都市实践建筑设计事务所
业主：深圳市国土局

多少年来，在中国任何一座大城市为政府机构设计建筑，意味着仅仅是又生成了一座白色瓷砖的盒子式办公建筑。然而，当深圳市国土局大楼在2004年开放时，它提升了中国的城市建筑水准，展示了即使是市政建筑也能够采用创意设计的理念。

该楼由在深圳和北京都设有分部的都市实践建筑设计事务所设计。建筑师朱锫曾经是都市实践的合伙人之一，现在在北京有自己的公司。该楼静静地陈述着一种新的中国现代主义。

该楼既有办公空间，也有供规划部门使用的展示和会议设施。它也为深圳指出了一个新的方向，远离了过去20年来构成这座城市特色的"一般"建筑，在此期间深圳经济发展迅速，从一个小渔村发展成了一座熙熙攘攘、能容纳600万居民的大都市。考虑到深圳是一座严重缺乏历史和文化深度的城市，都市实践和朱锫把该建筑构思成一个能够给予周边环境一套价值体系的场所。一个紧凑的布局和清晰的线条散发出合乎政府建筑谦逊严肃的感觉。悠长而通透的玻璃立面在政府运作方面传递出了一种新的透明度。

"开放性和弹性是这个设计的最主要的特点，"朱锫说，他通过一次公开设计竞赛获得该项目。

在建筑的北立面，建筑师克制地处理玻璃立面，通过悬挑板遮盖下边。这种策略结合双层玻璃的应用，减少了加热建筑物的日光量，同时不影响观看室外。另外，通过不规则地插入双层玻璃，玻璃立面活跃了，创造出了一种视觉上令人兴奋的效果。

室外波光粼粼的水池给该地添加了一种静谧感，强化了建筑与基地的联系。建筑师在室内也用了水元素，中庭里设有一座狭长的水池。在上部楼层，几座桥横贯水池上空，联系起建筑的两边。

办公空间以复式单元的形式安排在这座混凝土框架结构的建筑物中，单元可根据需要扩大或缩小，给予业主在办公布局上一定的灵活性。

该楼也表达出强烈的生态关怀，采取多种策略来降低用来加热和制冷室内所需的能量。中庭成了深圳湿热气候和室内办公单元的缓冲地带，同时带来了自然通风效应。热空气从屋面通风口逸出，新鲜空气在进入办公室之前经过水池时得以冷却。

参考了 www.urbanus.com.cn
(By Daniel Elsea 朱荣丽 译 徐迪彦、戴春 校)

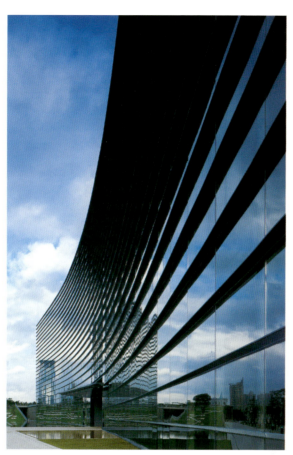

悠长而通透的玻璃立面在政府运作方面传递出一种透明性，能源节约措施表达了绿色理念。

《商业周刊》/《建筑实录》中国奖
BUSINESS WEEK / ARCHITECTURAL RECORD CHINA AWARDS
居住建筑 RESIDENTIAL

建外 SOHO
Jian Wai SOHO

地点：北京
建筑师：山本理显设计工场(Riken Yamamoto & Fieldshop)；C+A(SOHO 别墅)；Mikan(低层商铺)；北京新时代建筑设计公司；北京东方华泰建筑工程公司
业主：SOHO 中国有限公司

作为一个城中之城，建外 SOHO 将高层住宅、商业建筑、商铺、停车场与庭院景观结合在一起，在通汇河边生成了一个复杂的混合功能综合体。像大多数 SOHO 中国开发的项目一样，"建外"的目标市场瞄准北京居民中的富裕阶层——那些凭借新兴事业与国际视野而激发着经济活力的人们。SOHO 成功的一个主要原因，就是对这些人群的生活方式与内在需求的理解。公司的名字 SOHO 意为"小型办公·家庭办公"（Small Office Home Office），以此为设计哲学，致力于创造一个可以自如地以新型方式生活的场所。

尽管所设计的私人公寓是面向以小型公司起家的人群，开发商却依然尝试在大尺度上进行建造。因此，当全部的七期建设在接下来的一两年中总体完工之后，建外将拥有超过70万 m² 的建筑面积和2110个住宅单元（头三期的建设已在2004年春完工，建成面积29.5万 m²）。在一场国际设计竞赛之后，SOHO 选择了东京建筑师山本理显进行总体规划并设计高层公寓楼。山本引入了两家年轻的日本设计公司——C+A 公司设计"城市别墅"（即两幢高层之间的办公建筑），Mikan 公司设计公寓楼低层部分和综合体周边的零售空间。建外建筑群取替了一座20世纪50年代的钢铁厂，成为北京将工业和低规模用地转变为混合发展用地的转型策略的一部分。

设计了像日本横滨"交叉点城市"(Inter-Junction City) 和东京的东云集合住宅区第I区这样的创新型居住项目，山本发展出了一种重新审视住宅建筑的能力。他为建外基地所作的总体规划达到每公顷160个居住单元的密度，在一个正交网格的控制下布置建筑物，并将之在南北轴线上偏转25°，以使得大楼的日照最大化并将日光引入综合体的每个角落。

山本的设计理想是创造一个新的地景，而建外就好像从这个地景上生长起来。他将机动车和步行者分隔，停车场位于地下，地面成为纯粹的人行景观空间，高层公寓楼与低层商场交替分布以形成松散的棋盘式平面。一系列的下沉花园分散在基地中，将阳光带入地下停车场，由此形成了开敞空间与层次交错呼应的令人振奋的视觉韵律。

建外最大的吸引力之一来自它对公寓类型的安排。其中一部分建筑提供了富有弹性的空间以满足小型家庭办公的需要：一些公寓单元在入口附近设置了小面积办工场所，而其他单元则提供了可移动的隔扇或者被称为"工作室"的一种可以起到衔接各部分空间作用的多功能房间。

(By Clifford A. Pearson 周诗岩 译 徐迪彦、戴春 校)

山本理显的设计理想是：创造一个新的地景，在独立于小车之外的步行地面空间上生长出星罗棋布的下沉花园和楼宇。

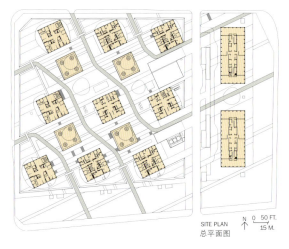

SITE PLAN
总平面图

《商业周刊》/《建筑实录》中国奖
BUSINESS WEEK / ARCHITECTURAL RECORD CHINA AWARDS

居住建筑 RESIDENTIAL

柿子林会所
Villa Shizilin

地点：北京
建筑师：非常建筑设计研究所
业主：今典集团

位于柿树果园内，占地4800m² 的开阔的柿子林会所，在这个剧烈变动中的世界里将两种不同的建筑学技法融入在同一建筑中。它将现代技术同对传统形式的诠释结合在一起，为世界建筑语言与本土工艺、材质及文化偏好找到了共通之处。它的风格是当代的，根基却深深地扎在它所处的特定环境之中。

在柿子林会所的两位开发商看来，这样的新旧结合、中西合璧是极为成功的。他们的项目虽然在中国，却吸引了全世界的眼光。这种做法也是在美国与中国都曾求过学的建筑师张永和的必然选择。1993年，张永和成立了他的个人建筑事务所——非常建筑。从那时起，他设计了一系列大胆前卫的建筑，如石家庄的河北教育出版社项目和北京城外"长城脚下公社"的二分宅项目。2005年，他成为麻省理工学院建筑学院的院长，然而，他却仍继续着他在北京日益繁荣的建筑实践。

尽管张永和已经以他现代主义的风格赢得了世界范围内的声誉，他至今仍孜孜不倦地致力于探索中国式建筑及其在当今世界的意义。于2004年夏天竣工的柿子林会所标志着张永和开始对中国传统形式与材料实施重新验证。在此之后的一些项目则把这个趋势更加推向深入。例如，湖南吉首大学即将竣工的多功能大楼兼博物馆就颇令人回想起中国山村的形式。

柿子林会所亲密地相拥着它那位于北京城外明十三陵附近的场地。它保留下了原有的柿子树果园，甚至将几棵柿树环抱在玻璃钢结构的小庭院里。至于会所的主体部分，张永和将其设计成9个好似巨大的相机测距仪的锥形体，并将它们偏向不同的视角。与此同时，倾斜的屋顶让人回想起中国传统的建筑形式，并好像构成了一种人为的地形，与附近山川的形状相互呼应。

张永和在结构上应用了石夹混凝土承重墙（concrete-sheer-wall-and-beam）系统，接着在外部的墙体上铺砌了当地的花岗石，在屋顶上铺砌了黑色水泥瓦片。

锈蚀的Corten钢板为外部表面添上了几处浓浓的色彩，而水磨石地板和内部暴露的混凝土顶棚则因其材料的关系在色彩上显得较为中性平淡。委托人和他们的两个孩子住在会所内，拥有一个室内游泳池和一个电影放映厅。不过他们还计划使它成为一个呼朋引伴的俱乐部。

(By Clifford A. Pearson 缪诗文 译 徐迪彦、戴春 校)

至于会所的主体部分，张永和将其设计成9个好似巨大的相机测距仪的锥形体，并将它们偏向不同的视角。

《商业周刊》/《建筑实录》中国奖
BUSINESS WEEK / ARCHITECTURAL RECORD CHINA AWARDS
居住建筑 RESIDENTIAL

上海东方汇景苑
Longyang Residential Complex

地点：上海
建筑：马达斯班建筑设计事务所；中国建筑工程总公司；
　　　上海中建建筑设计研究院
业主：上海康伟置业有限公司

专题报道 FEATURES

高层公寓的开发者通常按常规处理：多年以来，已经学会尽量地扩张每一平方厘米使用空间，压缩不必要的实体空间。像在香港这样的城市，开发商经常一再地应用同一住宅平面，改变的仅仅是涂层的颜色和建筑物表皮的一些细部。当马清运承接上海的上海东方汇景苑的设计任务时，他决定不会仅仅在常规处理手法上添一点新意。相反，他要挑战它，同时仍然满足这样的要求：尽量少浪费空间，控制造价。

该项目总建筑面积达到 18.5 万 m², 由16幢高楼组成，每幢约有100套公寓。开发商上海康伟置业有限公司以前经营船舶出口贸易业务，刚开始进军房地产。所以它比传统开发商更希望该项目的建筑具有试验性。它也相信具有创意的建筑将会赋予该项目竞争优势，促进公寓更快地出售。

马清运的设计策略是打破常规，在公寓平面布局和建筑立面上创造变化。他也希望尽可能提高公寓的日光射入量，扩大建筑物间的绿化空间。为了达到第一个目的，他设计了4种各异的住宅单元，把半数的建筑物顶部设计成复式户型。典型的住宅单元品种齐全，既有不超过100m²的小型二室户单元，也有180 m²的大型三室户单元。复式户型则提供了4-5个卧室。所有户型都南北通透，拥有两边的风景、充足的日光和良好的自然通风。通过在电梯核周边成对布置住宅单元，建筑师消灭了走道，扩大了建筑里的生活空间。他也借助变换两种不同的阳台的手法塑造了建筑物多变且富于韵律的立面：一种周边带白色框架的阳台和一种带透明玻璃栏板的阳台。

为了达到第二个目的，马清运将建筑物的基座向北或向南弯曲，削弱了16、18层建筑物的体量，加强了建筑物之间公共绿化空间的围合感。他把较高的建筑物（顶部带有复式单元的建筑）置于基地的北部，这样它们的投影将会投到街上，而不是邻近的住宅塔楼上。

公寓定位于中等收入家庭，不是高端市场。所以预算和进度偏紧，建筑师不能依赖昂贵的表皮和细部来取胜。相反，他借助富有创意的建筑和规划手法给龙阳小区注入了激情。

(By Clifford A. Pearson 朱丽荣 译 刘佳韵 校)

借助将建筑物水平弯曲的手法，马清运削弱了16幢住宅塔楼的体量，在建筑物之间创造了绿化空间。

《商业周刊》/《建筑实录》中国奖
BUSINESS WEEK / ARCHITECTURAL RECORD CHINA AWARDS
居住建筑 RESIDENTIAL

朱家角康桥水乡小城
Zhujiajiao Cambridge Water Town

地点：上海青浦
建筑师：Ben Wood 上海工作室
业主：上海康桥半岛（集团）有限公司

与一般的壁垒森严的富人或外籍商人居住的社区不同，朱家角康桥水乡洋溢着生活的气息。在这里，现代都市的生活方式与历史的传承相得益彰。这一项目到2007-2008年间建成的时候，将包括830个居住单元，呈现了如何把现代的建筑风格和中国古典的城市设计法则结合在一起，为正在中国众多城市市郊兴起的独立别墅区开发提供了很好的借鉴。

项目由曾经成功设计了位于上海原法租界区域的"新天地"项目的建筑师本·伍德（Ben Wood）担纲。在为康桥水乡作总体规划前，他就考察了当地原有的道路模式和历史背景。基地位于上海外围快速发展中的青浦区，而设计的灵感来源于青浦中心地带古老的水乡朱家角那悠悠的河道、小桥和街巷。尽管在设计上是明显的现代样式，但康桥水乡就像是青浦老城的延续，而不是一个尴尬的舶来品。伍德说："这是本土的水乡城市类型的一个变异，加入了明晰的现代感觉。"

建成后的项目将包括337栋独立别墅、136栋联体别墅及357套叠加别墅。伍德与其在上海的设计团队为每种户型都做了模型，并将它们组合起来，使其整体呈现出进退有度、错落有致的美，从无单调之感。独立别墅的建筑面积大概为220-300m²，联体别墅大概为180-220 m²，而叠加别墅大概为130-200 m²。阳台、屋顶平台及枕河的人行道为居住者们营造了一个赏心悦目的室外空间（右图、左图及顶图）。

为了激发社区的活力，使它不仅仅是一个居住的场所，伍德在设计中添加了一些小规模的商业和文化设施。建成以后，商店、餐馆、会议中心、一家酒店和一个有着体育设施和温泉疗养所的俱乐部将赋予康桥水乡一种小型都市生活的独特韵味。另外，伍德及其团队还设计了一个750m²的售楼中心（对页右底图）。当康桥水乡的销售告罄后，它将被改造成一个文化中心。

当中国大多数的别墅开发区正重蹈着美国郊区发展的覆辙时，康桥水乡昭示了另外一种设计思路。与原来的各条支路交汇到一条主要道路（通常会导致交通堵塞）策略不同的是，这个青浦项目设计了一个有着许多出入口的路网。同时街道尺度的变换也使得整个道路系统不再乏味。由于在整个交通网里加入了新的河道，康桥水乡就可以利用水上运输来缓解交通压力。最后的结果是卓有成效的，而且更为环保，这里的人们不会只依赖于开车出行了。

(By Clifford A. Pearson 胡沂佳 译 徐迪彦、戴春 校)

设计的灵感来源于青浦中心地带古老的水乡朱家角那悠悠的河道、小桥和街巷。

《商业周刊》/《建筑实录》 中国奖
BUSINESS WEEK / ARCHITECTURAL RECORD CHINA AWARDS
商业建筑 COMMERCIAL

青浦私营企业协会办公楼
Qingpu Private Enterprise Association

地点：上海青浦
建筑师：大舍建筑设计事务所
业主：上海工商行政管理局青浦分局

玻璃盒子是现代建筑中一个经久不衰的主题。菲利普·约翰逊设计的位于美国康涅狄格州纽卡纳安的玻璃住宅以及密斯的一系列作品诸如——纽约西格拉姆大厦和伊利诺伊州的范斯沃斯住宅——都是关于玻璃盒子的不朽之作；在此之后，玻璃盒子继而成为世界建筑师心中现代主义的一个重要的开端。今天，在位于上海西郊的青浦，大舍建筑设计事务所用他们极富想像力的设计——青浦私营企业协会办公楼，重新解释了这个现代主义的主流。项目已于2005年10月完工，并投入使用。

大舍建筑设计事务所设计的现代派立方体盒子是青浦一系列杰出建筑中最新落成的一个，这些建筑很快使青浦成为一个建筑珍品的博物馆（《建筑实录年鉴》，Vol.1/2005,P14）。相比于最近在青浦完工的许多相似的作品，青浦私营企业协会办公楼是一个内敛的建筑。它在尺度上相对较小，仅仅4980m²大小。

可能第一眼望去，这个中国的玻璃房子似乎只是一个简单的立方体而已。实际上它有两个结构体系：位于内部的平面是60m×60m的3层办公楼实体和包裹其外的方格框架的玻璃幕墙。两层结构之间是满种竹子的通风地带，竹林和横穿其间的缓缓的坡道环绕着办公楼实体，使其成为办公室和外界之间的缓冲区域。"内部"的办公楼实体被光洁的玻璃幕墙包裹，幕墙采用了连续的冰裂纹丝网印刷图案，这使人联想到中国传统的隔扇屏风。建筑的首层架空，有一个接待区域和咖啡厅，上部两层则为办公室和会议设施。

在同样是大舍建筑设计的位于青浦的幼儿园中，大胆的用色活跃了立面；而在青浦私营企业协会办公楼设计中，白色似乎主导了整个视觉色彩。正如大舍的主持建筑师之一庄慎所说"白色使建筑更纯净了。"

这种纯净的感觉同样表露于将内部人的活动和外部环境联系在一起的玻璃幕墙上。在办公体块的中心，设计者挖出一个很大的室外庭院；其间呈现现代中国园林风格的景观设计，水池、石阶、树木、花草、平台错落相间。虽然庭院多数时候为办公人员和业主的客人享用，建筑师还是将办公楼的一些部位切开，以营造可以看入中心景观空间的外部视野。

"我们希望建筑以一种明确独立的姿态轻柔地融入到周围的环境中"，大舍的建筑师们如此注解，这得益于对一个中国哲学观念的重要借鉴："和而不同"。

钢和玻璃构建出了不同于以往的帷幕墙，大舍建筑设计事务所通过玻璃和钢的使用以及对本地园林的现代诠释，以这幢全新的建筑表达了对于当地文脉的尊重。"我们的设计观念深深地植根于传统与新的社会、经济和文化环境的关系之间"，庄慎说。

(By Daviel Elsea 范蓓蕾 译 戴春 校)

大舍通过对于传统和现代之间的关系的思索，创造了一个融入当地文脉的玻璃盒子。

《商业周刊》/《建筑实录》中国奖
BUSINESS WEEK / ARCHITECTURAL RECORD CHINA AWARDS
商业建筑 COMMERCIAL

嘉年华中心
Jianianhua Center

地点：重庆
建筑师：SOM建筑公司
业主：金融街重庆有限公司

SOM旧金山办事处的合伙人迈克尔·邓肯（Michael Duncan）是这样评价重庆的："城市脏兮兮的，尘土飞扬，还雾气蒙蒙的。"但是，他同时也注意到了这个城市同样引人注目的另一个侧面，就是它铺天盖地、无处不在的广告牌。这又使得重庆带上了一种近似纽约时代广场的气息，从而弥补了萧条晦暗的城市背景。在这个城市的江北商业区，SOM接受委托设计一座新的大楼。他们权衡了这两个相互抗衡的因素，把项目设计成了一个办公空间和购物商城辅以炫目图像的综合体。

嘉年华中心于2005年竣工，并且已经成为了其周边一片再开发区域的地标建筑。在一个新建公园的中央，15层的办公楼和8层的商场结合在一起。为了充分利用好户外公园空间和室内工作人员之间的相互影响，SOM把办公楼的大部分都处理成透明状，包裹在一层玻璃幕墙内。相反，商用体块却被处理得好像一个五颜六色的礼品盒，2km长、不断切换的广告牌把楼体都包裹起来了。

这些广告牌利用一个机械系统带动三个面上的滚动广告，这就把商场体块几乎变成了一个极富视觉冲击力的民用建筑里程碑。一部分的美感来自图像的不断变换（见右图及对页图）。148块广告板33秒钟走完，5分钟内完成全部的组合。广告牌并未采用最新的高清晰度屏幕技术，但价格便宜且容易维护。同设置在前面的玻璃幕墙一起，每块广告牌都构成了第二道屏障，保护着大楼不受外界温度变化的影响。

虽然广告牌主要用于商业广告的功能，但业主也委托SOM为2005年春节设计一款图像。合伙人Lonny Israel和SOM图像设计部的合作方案宛如一个万花筒，布满了红、蓝、绿色令人眼花缭乱的花朵。据Israel说，这款设计要"既具有国际意味，面向不同阐释，又要表现性强烈，适应节庆气氛"。于是，它被恰如其分地取名为"百花齐放"，用以暗喻农历新年后数周以内即将到来的春天。

2005年这款图像揭幕的时候，公园里一度聚集了成千上万的人们，这在某种程度上也反映了建筑的成功。2006年，SOM再次受托设计新图像，也再次反映了委托人对于SOM设计在民用建筑领域崇高价值的激赏。
（By Diana Lind 徐迪彦 译 戴春 校）

SOM将购物商场包裹在一系列的滚动广告牌中，看起来仿若奉献给城市的一件色彩斑斓的礼物。

规划设计 PLANNING

草海北岸
Caohai North Shore

地点：云南昆明
规划：佐佐木（Sasaki）设计事务所
业主：香港瑞安房地产发展有限公司

这个项目将要整治池水，并依池就势建造一个社区，同时与城市的其余部分连接起来。

以"春城"美誉著称于世的昆明终年气候温和，风景如画，人口约计450万。在这座正日益崛起成为西部中国通往其南部邻国如泰国、越南之门户的城市里，规模宏大的城市发展已如弦上之箭。这种价值为瑞安房地产所觉察，因此延请了佐佐木事务所在滇池北岸为其设计了一个集居住、文化、休闲功能为一体的高端综合社区。这个项目不仅以经济效益为准绳，同时也追求美学及环境上的效益。

佐佐木事务所的资深合伙人、景观设计师 Michael Grove 说："设计是他们[瑞安]最注重的。他们知道，好的设计能够带来公共的认同。这一点使他们广受好评。"而 Grove 决不是惟一称赞瑞安的人，因为这家公司还赢得了这一年度的BW/AR中国最佳委托人大奖。

瑞安和佐佐木的规划受到了昆明颇具前瞻性思维的市长先生的大力支持，遂得以将可持续设计准则贯彻于这个占地485hm²的高复杂性项目从规划、设计到建造的各个阶段。他们将原生的植被、开敞的空间与同环境和谐的交通设施有机地结合起来，这些交通设施则与城市和这一地区现有的公路系统相连接。整个地块的18%错落着不同密度的住宅，0.6%用于诸如博物馆、影院、剧场、艺术之家之类的文化设施。还有一个"购物村"也在设想之中，它有一条步行街，周围分布着窄窄的水道和小小的街巷，街巷里一家挨一家地排列着各种商店。其他的用途还包括一个办公园、一个研发区，若干酒店、娱乐场所及一个高尔夫球场。

这个计划的关键点之一，是要彻底治理长期以来被当地农业经济的化学副产品严重污染了的滇池水。其短期战略是花3至5年时间，在池中安装一层不可渗透的隔膜，圈出约120hm²面积，造成一个"池中池"，在其中注入清洁的水源，废水则交由三个相关的污水处理厂进行处理。而佐佐木的长期战略，是要敦促城市其他区域参与进来，共同致力于应对和改善更大的污染问题。

一旦整个滇池水都回复到了一定的清洁度水平，"池中池"就会和全池贯通一气。同样地，佐佐木也希望滇池北岸的开发能够和昆明的整个城市框架天衣无缝地融合在一起。为了调和新与旧，Grove 说，"我们试图用现代方式重新改造当地的建筑语言，重新诠释它们的尺度与体量——但决不是重新创造。"

（By Diana Lind 徐迪彦 译 陈建邦、戴春 校）

桥南古村落历史保护规划
Qiaonan Village Historic Preservation Scheme

地点：福建泉州
规划：美国易道环境规划设计有限公司 (EDAW)
业主：泉州洛江城市建设开发有限公司

当中国的大部分地区都在如火如荼进行新城建设时，一些古村落常常被人遗忘，或在不知不觉间被弄得面目全非。而由美国易道建筑规划设计事务所承担的桥南古村落历史保护规划项目却旨在保护一些重要的历史建筑，修缮一些其他的建筑，并在泉州市的郊区增添一些新建筑。易道的首席主管迈克尔·埃里克森（Michael Erickson）这样写道："这个项目表明在中国的城市建设中开始出现了注重修缮改造而非拆毁重建的趋势，并且日益成为了都市化过程中的一支有生力量。"

傍河而建的桥南古村是作为"海上丝绸之路"的起点而著称于世的，这条海上贸易路线曾经连接着东亚、南亚和欧洲的地中海沿岸地区。由于大致位于上海和香港之间的东南海岸线的中点，桥南成了文化遗产旅游线上的重要一站。这个古村落的民居宛如当地各式建筑风格的一座丰富宝藏，尤其是把这个村落与洛阳相连的千年花岗石桥洛阳桥，已被列为国家重点文物。另外，这条海上丝绸之路也已被列为联合国教科文组织世界文化遗产的候选之一，希望易道的设计能够帮助它最终榜上有名。

对于这个133英亩的村落的改建意义深远，而且要从经济、环境及社会可持续发展等方面进行优先考虑。在分析了当地的区域特色和经济条件后，易道设想出了发展当地旅游业的一个可行的方法。埃里克森说："我们把重心放在当地独特的建筑上，促进旅游业的发展以提高桥南的影响力。"规划的重心主要包括重建一条从周边山间通往镇中心的道路，增加一些休闲娱乐设施，在滨水区域设置一些人行步道以及在河流入江口整改水质。

易道的设计同时也为保护传统的建筑类型、材料及设计元素提供了详尽细致的借鉴。但是，在此基础上，它也要求新建一些建筑以满足旅游、文化、娱乐及居住的需求。埃里克森说，易道希望其设计能为该村落的发展寻找到一条"灵活而可持续的道路"，并且希望为在这里居住或游览的人们营造出一种"多层次萦绕的体验"。这一项目一旦建成，将会使这种同时兼顾了古镇村落保护和后续开发项目的运营方式更为大众接受和欣赏。

(By Diana Lind 胡沂佳 译 徐迪彦、戴春 校)

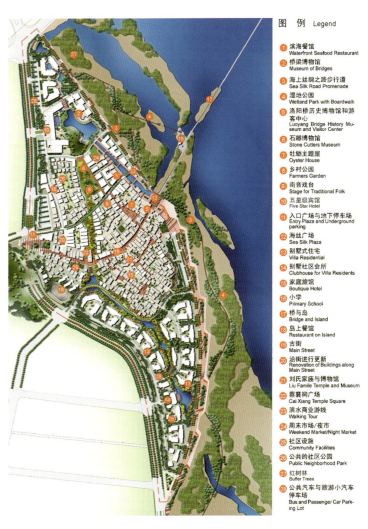

BUSINESS WEEK / ARCHITECTURAL RECORD CHINA AWARDS
历史保护 HISTORIC PRESERVATION

"二合为一"住宅
Two To One House

地点：上海
建筑师：张贝理设计有限公司（香港／纽约）
业主：谢氏

由于委托人是一个有着美国教育背景并且现在香港和上海两地居住的年轻商人，张贝理设计有限公司选取了20世纪20年代遗留下来得两座欧式建筑，将它们合成为一栋优美雅致的住宅。尽管建筑师们对建筑内部进行了重大改变——以开放、流动的空间和当代样式赋予建筑时代感——他们仍然保留了这栋历史建筑的灵魂；并不是试图去复古老建筑，而是使它们适应现代生活，从而焕发青春。

原建筑比邻而坐，位于法租界内，由一条2m宽、4m深的沟壑隔开。为了使建筑既在水平又在垂直方向上相连，设计师在沟壑中插入了一个新的楼梯井／休息厅塔楼，并且在顶上安置了一个直角天窗使自然光射入这栋新组合起来的房屋的中央。这个交通塔楼在夜里像一个灯笼，照亮参观者进入新住宅的狭窄通道。从塔楼里往外望，还能看到一棵在夏季为玻璃遮荫的大树。

结构上需要大规模改造以使两栋建筑的楼层相匹配。尽管外部基本保持原状，建筑师还是扩大了一些窗户并修补了外表面。两栋建筑连接后，总共就有了325m²的空间。

建筑师在底层采用了一个新的垂吊顶棚创造出从起居室到餐厅横跨整个平面的巨大而统一的空间，厨房和浴室处于中间位置，构成了一个核心服务区。整栋房屋都采用了法租界建筑中随处可见的灰砖，用少量的薄水泥浆铺覆于墙体、地板和壁炉。在楼上，建筑师们打开了主卧室上面闲置的阁楼，把它变成了一个工作区域并通向一个小屋顶平台。在其他一些地方则移走了老顶棚而使木檩条暴露出来。

张贝理设计有限公司在香港的一位合伙人 Shirley Chang 解释说，"这座房子是真正为私密空间设计的——是插图，而不是全景。""当房子的主人在四处走动的时候，我们会给他树影、天空和阳光的一瞥。"她补充道。

在设计上海住宅的时候，Chang 也在为同一个雇主的香港住宅工作。这两栋房子像一对兄弟或姐妹一样，拥有一些家族相似的同时又显现出不同的个性。两者都在已有建筑和现代感上进行了转化，但都尊重原建筑，并表现出对它们所处的独特环境的尊重。

(By Clifford A. Pearson 李书音 译 徐迪彦、戴春 校)

丽江古城的保护规划及信托基金
Lijiang Ancient Town Conservation Plan and Trust

地点：云南丽江
规划：上海市同济大学城市规划设计研究院
业主：全球遗产基金，丽江古城管理委员会，联合国教科文组织世界遗产中心

在喜玛拉雅山麓的一个古村落里，一项由政府与私人共同参与的创新修复计划正在进行着。该项目包括对历史建筑作一个前期调查，形成一个土地使用规划，为在历史城区的新建筑制定设计规范，修复数百间老房屋乃至拆毁一些与当地风貌不相协调的新建筑。它同时也包括设立了一个促进这项保护工作的基金，帮助当地居民负担修缮其住宅房屋的费用。在世界教科文组织于1997年将丽江确立为世界文化遗产的4年之后，以加利福尼亚为基地发展起来的非赢利组织全球遗产基金（Global Heritage Fund）就开始了这一项目，并且帮助清理了污染的水环境。纳西人生活的家园丽江是"中国现存的惟一一个原生态的村落，"GHF的创始人杰夫·摩根（Jeff Morgan）这样评价说："这一想法就是在未来的至少20年内为其发展做一个规划。"

（By Clifford A. Pearson 胡沂佳 译 徐迪彦、戴春 校）

建福宫花园
Jianfu Palace Garden

地点：北京紫禁城
建筑师：故宫博物院古建修缮中心，中国文物保护基金会，Tsao & McKown Architects，贝氏建筑师事务所
业主：故宫博物院，（香港）中国文物保护基金会

"这个花园的历史见证了整个中国历史的变迁。"非赢利性质的(香港)中国文物保护基金会项目主管Happy Harun这样说道。建福宫花园位于紫禁城的西北角，园内亭台楼阁、交相错落。它始建于清乾隆五年（公元1740年），毁于公元1923年的一场大火，荒废长达75年之久，直到最近才开始重新修建。Happy Harun说，现在是开始这项修缮工程的"最适宜的时机。"因为随着中国对于自身的现在和未来越来越充满信心，它也就开始越来越关注对于自身过去的保护。

2000年，该基金会组成了一支建筑师团队，其中包括来自Tsao & McKown事务所的Calvin Tsao和来自贝氏建筑师事务所的Li Chung Pei，共同致力于这一重建工作的实施，以重现建福宫花园昔日的风采。招募来的工匠们将在重建过程中采用传统的技术和材料。

该园的外观设计试图与其18世纪时的风格保持一致，但建筑师们必须考虑如何组织内部空间以满足接待一些特殊嘉宾参观、举办展览和会议等的需要（紫禁城的大部分是对公众开放的，而该园将专用于接待一些重要人士）。"我曾一度处于道德上两难的境地，"Tsao说："我们没完没了地进行着有关博物学理论及标准的争论，但无法在缺乏原始设计精确资料的情况下将内部设计完全复原。"最后，建筑师们为此量身打造了一个方案：既精致又符合当今的审美标准；建筑的历史色彩的确时时闪现，却又并不特别惹眼。

（By Diana Lind 胡沂佳 译 徐迪彦、戴春 校）

《商业周刊》/《建筑实录》中国奖
BUSINESS WEEK / ARCHITECTURAL RECORD CHINA AWARDS
绿地设计 GREEN DESIGN

北京奥林匹克公园
Beijing Olympic Green

地点：北京
建筑设计：佐佐木（Sasaki）设计事务所 合作单位：天津华汇建筑与设计公司（总体规划）；清华大学划设计院（景观建筑设计）
业主：北京市规划委员会

城市与奥林匹克运动会经常处在一种爱恨交织的关系当中，这种关系真是人尽皆知，却又令人头疼。城市享受奥运会带来的曝光率、收益、借此改善基础设施的机遇以及主办这一盛事的荣耀。然而奥林匹克运动会来去匆匆，只留下一个如奥林匹克本身那样巨大的难题摆在城市的面前：就是怎样将新的设施整合入日常的城市生活。因此2008年北京奥林匹克绿地与森林公园国际邀请赛的获胜者佐佐木事务所在注重设计的可持续性同时，更强调了这一地块在奥运会结束后的使用状况。

"奥运会之后的遗产与奥运会本身是同等重要的，"佐佐木总裁Dennis Pieprz说，"从过去的教训里我们学到，要避免出现一些'前奥运场地'在赛事过后就与世隔绝的情况。我们欣赏巴塞罗那的做法，奥运会被当作在民用与公共空间上的投资机会，并且策动了更多的私人资金。"但是佐佐木并不想简单地复制其他城市的成功案例；他们希望制定出一种更适合中国以及中国人对公共空间使用模式的方案。

最后，佐佐木做出了一项总体规划，确保这片绿地和公园能够在21世纪之后许多年都在日常领域中发挥功用。北京的市民可以利用公园开展集体锻炼与社区活动。由于拥有广阔的面积，公园可以提供湿地、草坪与山地森林三种地形供市民与参观者休闲娱乐。公园的其他部分则实施限制性使用，以便加强整个区域的差异性并且引进地方的动植物品种。

基于环境因素的考虑在佐佐木的设计中十分关键。如Pieprz所说，"'绿色设计'在中国有多种意义；我们要从整个生态系统的角度来诠释它：它是一个整合了交通、水系乃至更大范围的完整概念体系，而不仅仅指种植些绿色的树木"。规划倡议对公园的员工进行培训，以提升其对于园内动植物的敏感性，同时也能使公园可以自给自足，降低了维护的费用。

基地临近1985年的亚运村，坐落于北京南北历史轴线的最北端。亚运会曾经触发了大量的投资，而Pieprz预测围绕此次项目的投资将更为巨大。目前的规划共涉及了250万m²的零售、商业、文化及旅馆发展计划。"北京并没有很多大型的市民公园，而这个项目将高度整合于邻近的城区，并且在奥运后成为真正的社区核心和城市范围内的活动中心。"Pieprz甚至设想它成为一个具有吸引力的旅游景观。

佐佐木事务所的目标是形成一个具有平衡感的规划，介于东西方之间、历史与当代、发展与自然、公园与城市之间。

（By Diana Lind　何如 译　徐迪彦、戴春 校）

"奥运会是举世瞩目的，但会后留下来的才是传世的。"

1	森林公园	Forest Park
2	奥运村	Olympic Village
3	室外展场	Outdoor Exhibition Area
4	会展中心	Conference and Exhibition Center
5	首都青少年宫	Capital Teenage Palace
6	商业服务	Business Service Facilities
7	北京城市规划展示馆	Exhibition Hall of Beijing City Planning
8	文化轴线	Cultural Axis
9	奥林匹克轴线	Olympic Axis
10	国家体育馆	National Gymnasium
11	国家游泳中心	National Swimming Center
12	观景塔	Observation Tower
13	国家体育场	National Stadium
14	奥体中心体育馆	Olympic Sport Center Gymnasium
15	英东游泳馆	Ying Tung Natatorium
16	奥体中心体育场	Olympic Center Stadium
17	国家曲棍球场	National Field Hockey Stadium
18	国家网球中心	National Tennis Center
19	元大都遗址公园	Yuan Dynasty City Wall Relics Park
20	国家科学技术博物馆	National Science and Technology Museum

《商业周刊》/《建筑实录》中国奖
BUSINESS WEEK / ARCHITECTURAL RECORD CHINA AWARDS
业主 CLIENT

瑞安房地产发展有限公司
Shui On Land Ltd.

执行总裁/主席：罗康瑞
项目：上海太平桥地区（包括新天地）；杭州西湖天地；上海创智天地

当瑞安房地产邀请建筑师伍德·本杰明在上海的心脏地区设计一个不同寻常的集餐饮、零售、娱乐于一体的综合项目时，惹来了众多的非议。批评家们怀疑采取低容积率的方式，把破旧住宅置换成零售商店并开设户外就餐餐馆的建造策略是否明智。但是自从新天地（右上图）于2000年开放后，它已经成为上海的一个地标，也成为了中国境内被复制和谈论最多的一个新项目。

瑞安策划发展部门主管陈建邦说："新天地向中国开发商传递了这样一个理念，即传统建筑除了社会、美学价值外，也具有经济价值"。"新天地证明了地方建筑能够变得时髦流行。"它的建筑师对其业主充满了赞赏，并称瑞安执行总裁兼主席罗康瑞是"一位梦想家"。

罗本人同一个值得信任的顾问团一道，提出了很多很好的设计理念。在罗的授意下，瑞安的项目都成了功能混合、生机盎然的都市社区，并且时时向路过的行人展示着友好的姿态。

瑞安正确地预计到新天地将会为周边地区带来增值效应。在开发新天地的同时，开发商邀请了 SOM 建筑设计事务所来做周边 52hm² 面积的太平桥地区的总体规划，又聘请了 KPF 建筑设计事务所和巴马丹拿建筑设计事务所来设计该区的办公建筑，其中某些楼宇将被设计成上海20世纪30年代流行的装饰艺术风格。

另一个新天地风格的综合项目西湖天地（右上角效果图）新近在杭州登场亮相。该项目由伍德·本杰明和景观设计师 Dwight Law 设计，将10个杭州传统街区改造成休闲生活的场所，毗邻著名的西湖。

同样刚刚起步的还有位于上海北部的创智天地（左下及右图），包括 SOM、巴马丹拿、夏邦杰、阿特金斯、T·法雷利、利安及同济的建筑设计事务所都参与了设计，未来它还会包含一个供高科技公司使用的办公集群以及生活工作两用的LOFT。一个体育综合设施和一座改造后的体育馆也将成为创智天地的一部分，这些都将于2010年完工。

陈说道，有创意的建筑师"对于我们的经营战略来说是非常重要的"。陈还解释道，在中国，客户通常强调成本，对于建筑的价值也才刚刚开始意识。像瑞安这样的开发商仍然很少。"我们相信[建筑]将会帮助我们在竞争对手中显得卓尔不群。"

在聘请设计顾问时，瑞安寻找的是创新性、持续性以及对于地方需求和文化的敏感性。"如今我们愈加坚持这样一个必要条件，就是我们的顾问在上海，至少在中国应当拥有一间办公室，"陈说，"这意味着他们[对中国]承担义务。当顾问们在思考如何为中国的长远发展作打算时，他们就更能够设计出高质量的作品。"

（By Jen Lin-Liu 朱荣丽 译 徐迪彦、陈建邦、戴春 校）

新天地向中国开发商传递了这样的理念,即传统建筑除了社会和美学价值外,还具有经济价值。

入口立面上的凿空钢片外壳绵延覆盖行政办公部分和1层高的工厂顶部，并以一条像一公牛鼻形的曲线收尾于建筑的后部。

B·屈米的圆滑柔曲的建筑表皮提升了
日内瓦郊外江诗丹顿公司总部和工厂的形象

Bernard Tschumi's Sleek, Curvilinear Skin Heightens the Profile of the Vacheron Constantin Headquarters and Factory Outside Geneva

By Suzanne Stephens　朱丽荣 译　徐迪彦、戴春 校

借助于建筑来提升一家公司的个性似乎是一项显而易见的策略。你只要看看曼哈顿的伍尔沃思、克莱斯勒、西格拉姆大厦（Woolworth, Chrysler, and Seagram Buildings）就知道这一策略在过去已经被运用得多么出色。但这些都是摩天楼。假如将公司移到瑞士日内瓦附近的一片轻工业地带中，那就意味着要在一片由高速公路和工厂组成的无序地形中制造冲击力，却又不能利用高度来取胜。

位于 Plan-les-Ouates 的江诗丹顿公司总部和手表厂（Vacheron Constantin Headquarters and Watch Factory）证明，这样的一种形象提升可以用一种复杂精致、近乎华美的策略来处理。它的设计师 B·屈米出生于瑞士，在纽约和巴黎都设有工作室。他用光泽亮丽的穿孔钢板经精致工艺处理而成的建筑外壳好像漂浮在小镇的上空，俯看着同样蜷踞在这座小镇上的伯爵、劳力士和百达翡丽（Piaget, Rolex, and Patek Philippe）。

在相对平整的一块 7 英亩的基地上，发散着微光的建筑体从草皮上拔地而起，呈现出蜿蜒的曲线形，面积 13 万 ft²，高 4 层。行政办公室占据了 8.5 万 ft²，能够容纳 90 人。在办公区的前面结构降至一层，形成了一个 4.7 万 ft² 大小的工厂，能够容纳 80 个钟表工人（该楼设计时考虑到未来将要容纳 250 人）。由于许多雇员开着车来上班，屈米沿着一个种植树木的斜坡设置了停车场，而且掏空了屈米的概念草图（上图）解释了他是如何把总部和工厂结合在一起的。

工厂的地下部分以供额外停车。其结果是使这个综合体看起来好像漂浮在空中一样，它同时也被锚定在地上。

江诗丹顿创立于 1755 年，可以称得上是世界上历史最悠久而且目前仍在运作的钟表制造商（你只要看一眼它那高成本、劳动密集型的手表，就知道它与斯沃斯（Swatch）手表的区别所在）。该公司如今隶属于里策蒙特国际股份有限公司（Richemont International），一座同时拥有卡地亚（Cartier）品牌的经营烟草和奢侈品的商贸王国。现在，江诗丹顿决定将它的管理、市场和生产部门都并置到同一个屋檐下来巩固自己。这幢新建筑不仅要求能在与其他优秀竞争者相比时突出该公司的形象，同时也要求能促进员工之间交往和沟通。而这次搬迁也正好赶上公司的 250 周年大庆。

阿兰·多米尼克·佩林（Alain-Dominique Perrin），这位卡地亚公司前首席

项目：江诗丹顿公司总部和手表厂，Plan-les-Ouates，日内瓦，瑞士

建筑设计：B·屈米建筑设计事务所（纽约）；B·屈米城市与建筑设计事务所（巴黎）

主创人员：B·屈米，Véronique Descharnières（合伙人）

项目建筑师：Joel Rutten, Alex Reid

业主：江诗丹顿，里策蒙特国际股份有限公司

工程：Arup, SGI（结构）；Arup, Enerconom（机电、空调）

景观：Michel Desvigne

1. 门厅
2. 中庭
3. 行政办公室
4. 机电室
5. 地下停车
6. 室内庭院
7. 厨房

江诗丹顿公司总部的主入口（供参观人员使用）面朝东方（上图及对页上图）；在那里，三层玻璃的底座令人无法将内部的中庭一眼望穿。

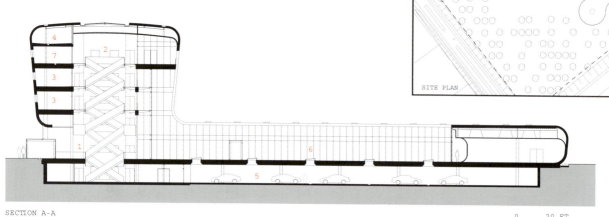

SECTION A-A

行政办公室的南北立面是通高的玻璃幕墙（上图）。景观建筑师Michel Desvigne 在斜坡状的停车场上种植了树木。该停车场一直向下倾斜到工厂的地下（地下部分未有植被）。

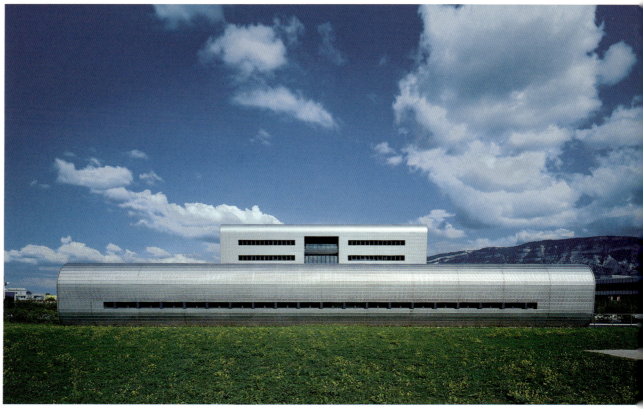

从中庭的现浇混凝土框架挑出预制悬臂梁来支撑玻璃走道。

美国樱桃木的室内吊顶很好地烘托了玻璃楼梯、走道、电梯和荧光灯的蓝色调。

执行官,曾在1994年协助实现J·努韦尔(Jean Nouvel)为巴黎的卡地亚基地(Cartier Foundation)设计的方案。他带领着一个评审委员会,该委员会邀请了屈米和其他四位建筑师——英国的N·格里姆肖(Nicholas Grimshaw)和约翰·保尔森(John Paulson)、意大利的G·奥伦蒂(Gae Aulenti)以及西班牙的卡洛斯·费雷特(Carlos Ferreter)——来为这个项目做概念设计,要求能准确无误地传达该公司的产品质量,包括过去和未来。屈米和保尔森,这两位进入最后决赛的选手,都采用了消减的策略。但只有屈米采用了发光的曲面体和复杂的节点,借助屋顶和墙体融为一体成为一张钢质表皮把楼体的两部分包裹起来的设计方式,让人联想起江诗丹顿特有的包装、表带和钟表面。

虽然在他最近刚出版的《事件 - 城市 3: 概念/文脉/内容》<Event -Cities 3: Concept vs. Context vs. Content (MIT Press) >一书中,屈米主张"是概念,而非形式,把建筑从平常的构筑物中区分出来",可能你会说,用一个连续的表皮来连接两部分的概念或构思必定要通过形式表达出来。在这个凿孔的弧形钢壳下边,屈米把两部分并置在一起,让人联想起美国现代主义风格办公建筑的历史案例:办公室围绕中庭布置的模式,可以在凯文·洛奇&约翰·丁克路(Kevin Roche John Dinkeloo)于1968年在纽约设计的福特基金总部(Ford Foundation Headquarters)里找到;工作间的水平楼板围绕一个内院布置的模式,可以在由SOM设计事务所的戈登·邦沙夫特(Gordon Bunshaft)于1970年设计的位于康涅狄格州格林威治镇(Greenwich, Connecticut)的美国制罐公司大厦(the American Can Building)里发现。虽然行政人员和钟表制作人员分属于不同的区域,但他们会共同使用中庭,并相聚于四楼的自助餐厅。

虽然用这片曲线条的钢壳流畅地包裹着外墙和屋顶(包括水平状的工厂屋顶,在凿孔的钢片遮盖物下边设置了一个平盘用来收集和排泄雨水),屈米并不试图让它看起来好像从下边坚固的混凝土框架上有机地生长出来。事实上,现浇混凝土结构的上面还有一层钢质框架,金属表皮是依附在这一层钢框架之上的。你能够把表皮和结构区分开来,就好像你能用容器与内容物的辩证关系把行政办公部分和工厂部分区分开来一样。

中庭里混凝土结构的结实有力与玻璃楼梯踏步、走道、隔墙的轻盈、透明与半透明形成强烈的对比 材料的稳重和轻快的二元性再一次赋予了中庭戏剧性的呈现。屈米还用美国樱桃木做了保护层弧形内侧面。它那温暖的红色调贯穿了整个中庭的内部,衬托着蓝色调的荧光照明。

在工厂里,工匠把手表收集起来进行调试,或者提供售后服务的另一家工厂专门完成装置运转、磨光和表面处理等工序。这道程序要求充足的光线和非常清洁的表面。处于底层翼部的工作台通过朝北的玻璃幕墙获取日光。

站在中庭西部的玻璃走廊（下图）可以俯瞰整个工厂。制表工人从停车层进入工厂，在停车层先脱下外套并寄存在那里，然后进入楼上的密封舱，穿上在无尘车间工作需要的白色工作服和拖鞋（底图）。无尘车间的通风、温度、湿度严格按照供80人使用的要求进行控制。行政办公楼入口立面底层的东北角设有一个会议室，室内的木地板和吊顶颇显特色，透过其玻璃幕墙可以眺望室外风景如画的草地（对页）。

TOP LEVEL

1. 大厅
2. 展厅
3. 会议室
4. 室内庭院
5. 车间
6. 技术室
7. 中庭
8. 餐厅
9. 厨房
10. 包房
11. 室外平台

MAIN LEVEL

另外两排工作间的采光则借助于一个四周用玻璃包围的内部庭院来解决。由于工作室必须达到无尘要求，所以在底层设置了空气隔绝室（或是密闭门厅）、玻璃包裹的走廊和用以换工作服和保护鞋套的更衣室。

这幢建筑在形象塑造上的成功在很大程度上应归功于施工工艺的质量，就2000万美元的预算来说，能取得这样的质量简直是件惊人的事。想只花这些钱就达到这样的工艺水平在美国几乎是不可想像的。这一点，对于在美国和其他国家都做过项目的屈米来说，可谓再清楚不过了。在这个案例里，设计是他在纽约的办公室做的，而深化设计和实施却是在巴黎的办公室与合伙人Véronique Descharrières完成的。说到底，正是工艺，以及形式和概念，使得这一鲜明完美的建筑物能够从它周边的郊区环境中脱颖而出。因此，我们不妨对屈米的主张作出一些修正：是表达于形式和实现于工艺的概念把建筑从构筑物中区分出来。■

材料供应商

不锈钢外墙及屋顶，金属/玻璃幕墙，玻璃窗

天窗：Hevron

混凝土结构：Perret

吸声吊顶及嵌板：Fournier Steiner

油漆及涂料：Riedo + Fils

照明：Badel + Cie

办公设备：Saporetti

登陆 www.architecturalrecord.com

"项目"栏获取更多有关此项目信息

Z·哈迪德为宝马公司大院设计的中心大楼创造了一条纽带，使人与车联系在一起

Zaha Hadid Provides the Connective Tissue for a BMW Complex by Designing A Central Building that Brings People and Cars Together.

工人、管理者和参观者都从建筑酷似飞机机首的一侧基座进入大楼（照片右部）

By Raul A. Barreneche 宋丹峰 译 徐迪彦、戴春 校

建筑师总是保持着对工业建筑的热情。功能主义建筑的代表作如工程师G. Matte Truco设计的位于都灵的意大利菲亚特汽车公司Lingotto厂厂(1926年)和彼得·贝伦斯（Peter Behrens）设计的位于柏林的德国通用电力公司透平机工厂(1910年)，作为那个时代的两部遗作，其精神仍隐约影响着热衷于工业建筑的建筑师。但是在我们这个由信息驱使的后工业社会，只有很少的工厂建筑能从满足装配线要求的角度来设计。

2002年，德国汽车业巨头宝马公司投资组织了一场设计竞赛，为其在莱比锡郊区的工厂设计一幢中心大楼，预计造价15.5亿美元，大致规模是每天5000名员工可在其中生产出650辆宝马3个系列的中型轿车。有25个国际建筑师参与这项竞赛，宝马最终选择了普利茨克建筑奖（Pritzker Architecture Prize）得主Z·哈迪德的方案，她所提供的厂房设计理念不再局限于传统的注重噪声方面。汽车的生产和管理将在同一个流动性的基面上，而蓝领工人和白领经理们将共用同一个空间。尚未完成的汽车车体在传输带上安静地列队移动，在它们下面就是人们集体就餐的餐厅或是他们的单间操作室。哈迪德解释道："我们总是试图

责任编辑 Raul A. Barreneche 是 2006 年春季 Rizzoli 出版的 Pacific Modem 的作者。

挑战传统类型。对于宝马公司而言,能接受我们这样的方案需要很大的胆量。"

2005年5月,德国总理格哈德·施罗德宣布工厂正式投产,其实它早在2月份就已经开始实际运行了,3月份第一辆宝马320i驶下了装配线。

尽管哈迪德旨在打破原有的传统类型,但她的这个建筑并不是真正的首例。此建筑就像一个中心节点,将周围由宝马公司的房产和设备团队自行设计并已于2004年完工的三幢厂房连在一起,每幢建筑都包括了装配顺序的某个特定部门:车身制造(64.5万ft²)、喷漆间(27万ft²),最后是大型装配间(107.5万ft²),喷过漆的汽车外壳在这里经过装配后就成为豪华漂亮的汽车下线了。哈迪

德设计的面积达43万ft²的新建筑位于这三幢生产建筑的交叉处,包括办公室、员工餐厅、礼堂和四面玻璃围合的质量控制试验室,在这里可随机从装配线上抽取一部汽车进行分解和分析以保证质量。她的这幢建筑没有将管理或生产分隔开来,而是将它们混合成一个整体,但却很注重把其中不同的工种各自独立开来,并组织成一个相互有益的关系网。

Truco设计的菲亚特Lingotto工厂有一个卓有特色的屋顶车辆传输带,和他一样,哈迪德也注意把建筑和其间将要发生的运动有机地整合起来。但是除了关注汽车的运行轨道外,哈迪德也关注其他方面,如工人和参观者出入建筑的流线、员工穿越空间去吃饭或从更衣间出来的路线,也包括未完成的汽车从工厂的一个区域到下一区域的轨迹等。这些真实和构想的运动路径结合成联系工厂整体建筑群的神经中心。好像是对基地施加重力作用的重心所在,哈迪德的大楼聚焦人、材料和交流的流线,然后将它们通过基地的关节点分配出去。这位建筑师说:"我们认为这个项目不应该分成部分,而是作为整体,就一个概念来处理。"

以钢为材料如防水油布般绷紧的屋顶覆盖着一个错综复杂的混凝土框架,

项目:中心大楼,宝马汽车公司,莱比锡,德国

建筑设计:Z·哈迪德事务所

主创人员:哈迪德(Zaha Hadid)、舒马赫(Patrik Schummacher)

项目建筑师:Jim Heverin, Lars Teichmann

创作团队:Eva Pfanne, Kenneth Bostock, Stephanie Hof, Djordje Stojanovic, Leyre Villoria, Liam Young, Christiane Fashek, Mannela Gatto, Tina Gregoric, Cesare Griffa, Yasha Jacab Grobman, Filippo Innocenti, Zetta Kotsioni, Debora Laub, Sarah Manning, Maurizio Meossi, Robert Sedlak, Niki Neerpasch, Eric Tong(下转第54页)

43万ft²的建筑矗立在前民主德国的一片广阔平原上（上图及右图）。这一地区具有悠久的汽车制造传统，但目前却正饱受盘桓于20%左右的失业率的困扰。宝马公司的这一办公建筑群落为此地提供了数千个就业机会。

勾勒出了一个高耸的庞大空间；在它的上方，顶棚密布着钢格栅，采用了雕塑感强烈的混凝土肋，这都暗示了下方空间中的运动路径。涂覆着沥青橡胶的地板则暗示了室内的车行路线。从剖面上可以看到，大型楼梯和两道阶梯状的平台（其中包括开放式工作台）在空间上呈相对之势层叠而下。头顶上的传输带载着汽车半成品不断进出于中心大楼 传输带结构里藏着的反射灯为还没有喷上漆的汽车打上柔和的蓝色光芒。此时视觉里同时出现了两种不同节奏的行为，头顶上是缓慢运行的汽车，而下面是伴着快速节奏忙于工作的人们。哈迪德解释说："我们的设计往往被运动感所吸引，也总是希望能达到建筑的流动性和复杂性。"

事实上，中心大楼每处弯曲的转角都体现出了流动的韵致：比如入口处富有动感与棱角的混凝土结构指引着人们进入内部高敞的大厅，它就像许多瑰丽的博物馆入口那样，空间丰富、用料精良；又比如采用条纹肌理的倾斜外墙面模拟着汽车有棱有角的车窗，以及包含有工作空间的平缓阶梯平台也都让人感受到强烈的动感。哈迪德在工作间之间采用平台，使得工人在工作时仍能和他们周围的活动保持联系。哈迪德的搭档舒马赫（Patrik Schumacher）解释说："你不会只埋头忙于你自己的工作。你也不会错过其他合作者之间发生的事。随时你都会注意到所有的事件并且都会与之有联系。"从这种意义上说，建筑师创造了一个内化的城市空间，交织着各色各样的活动，呈现出一派生机勃勃的忙碌景象。

同时，建筑反映了一种民主平等的精神。蓝领阶层的工人和白领阶层的经理在同一个餐厅里吃饭。执行官的指挥中心与工厂的工作流线没有分离；而且，经理们也是在开敞着的环境里工作。这些都体现着宝马公司透明开放的平等政策。就像莱比锡总部负责人彼得·克劳森（Peter Clausen）所说的那样，"结构对于人的行为有影响作用。人们不会彼此抱怨。由于它的开放性，你会亲眼看到中心大楼是不是真的像是巨大的系统组织中的一颗裸露的心脏那样运转着。"

克劳森的许多同事最初都暗暗担心哈迪德的设计会是一个恶梦。大家说："可能会很嘈杂，会有气味。你没有办法和传输带同处一室。"对于这幢建筑人们有很多的顾虑和反对，但是事情总是变化得很快。克劳森说，我们必须消除偏见，并且学习如何使用我们这种新的自由。针对这种怀疑，克劳森指出餐厅里运送脏碟子的传输带所发出的噪声比中心大楼里传输汽车发出的噪声还要大。

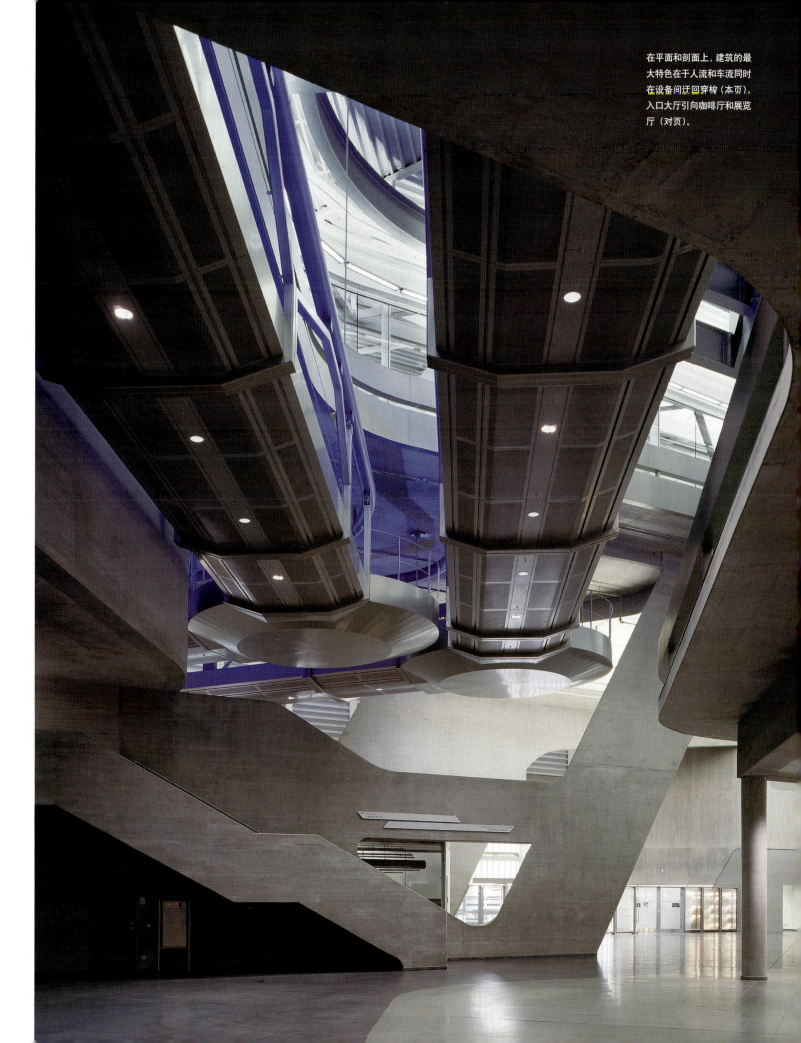

在平面和剖面上,建筑的最大特色在于人流和车流同时在设备间迂回穿梭(本页)。入口大厅引向咖啡厅和展览厅(对页)。

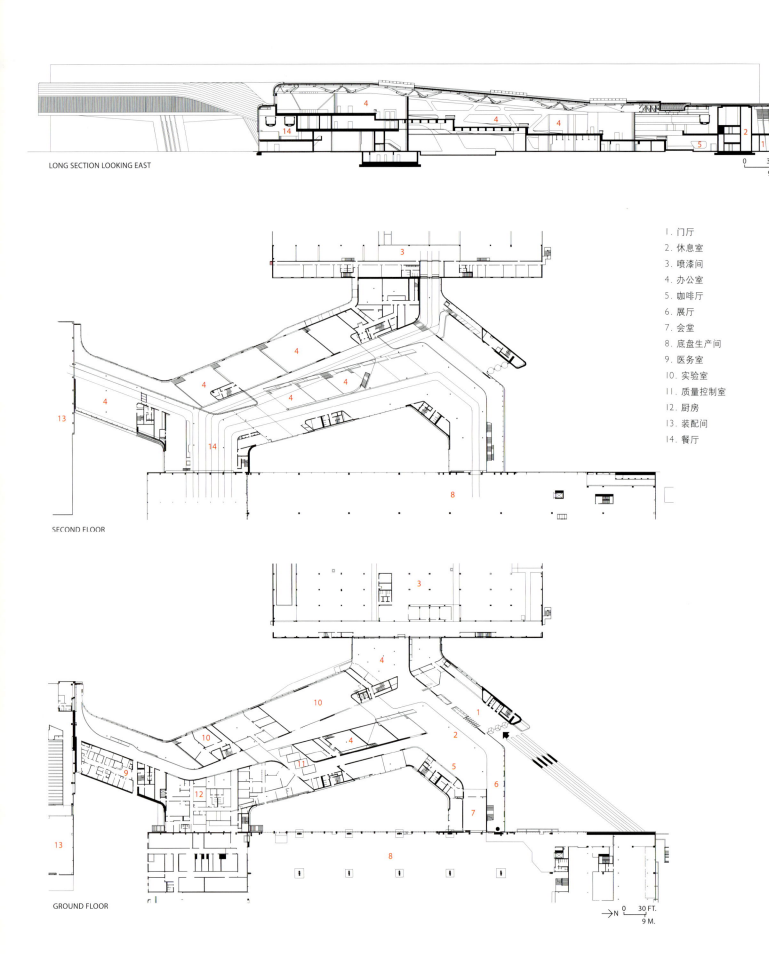

建筑将生产、管理和研究功能集中到了同一个屋檐下。建筑师设置了一条内部干道,其一侧是连续的办公空间,另一侧则是层层递降的系列平台和技术室(下图)。从办公室和建筑高处能将建筑的其他部分一览无余,这种空间处理有利于营造一种同舟共济的工作环境和氛围。(右图)

沉浸在蓝色光晕里的汽车半成品从办公室（左图，上）乃至咖啡厅（左图，下）上方的传送带上缓缓而过。这个小型的咖啡厅位于正门入口不远处。

当初，评委会主席、建筑师Matthias Sauerbruch舍弃了罗杰斯（Richard Rogers）、格雷格·林恩（Greg Lynn）、Reiser Umemoto以及其他人的方案而选择了哈迪德，表明获胜的方案并非因循守旧之作。"它几乎像是一个城市的基础设施，不光有空间上的丰富性。这是与设计要求最相吻合的作品，而设计要求是相当复杂的。"

宝马会继续在后工业时期的工业建筑上投资。到下个夏天来临的时候，由Coop Himmelb(l)au设计的位于公司慕尼黑总部附近的宝马汽车展示城就会开放。但在那之前，宝马会把它的莱比锡分部开放，预计每年会有5万的游客来参观。

哈迪德的建筑从使用者的流线、信息的交流到车子本身的运动入手创造了一个新型的、城市化的内部工业生产空间。就像她所说的，"工业总是发明和创新的。对于建筑，你也应该时常打破传统尝试新的可能性"。宝马公司中心大楼也许并没有为哈迪德开启一片全新的疆域——她承认对动态建筑的兴趣由来已久，并且承认中心大楼和她在罗马设计的博物馆有相似性——但是中心大楼反映出了哈迪德对于她的建筑思想有了更清晰的思考，也证明了她的建筑不仅好看，而且也好用。■

参与设计名单（上接48页）
景观建筑师：Gross.Max
工程师：AGP Arge Gesampplanung(结构，民用，m/e); Anthony Hunt 事务所（结构）; PMI（影响）、Equation Lighting（照明）
项目经理：ARGE Projektseuerung

承包商
钢材：Max Bogl Bauunternehmung
立面：Radeburger Fensterbau
设备：Jaeger Akustik
登陆 www.architecturalrecord.com 获取更多有关此项目信息

白领员工，上至最高管理层，都在开敞式的办公环境中工作，沐浴在从天窗和四面玻璃幕墙透射进来的阳光里。这种设计倡导着一种民主自由的职场伦理。

"船帆"(意大利语"航行"之意)非弯曲的部分是按对角线排列的平坦的四边形网格。当转化为弯曲部分时,四边形网格的翘曲就超越了平板玻璃的极限,因此被进一步细分为三角形网格。

福克萨斯工作室将玻璃与钢像织物一样，披覆于作为商贸和时尚会展中心的米兰博览馆

Studio Fuksas Drapes Glass and Steel as if it were Fabric over its Milan Trade Fair, a Convention Center for Trade and Fashion

By Paul Bennett　董艺 译　徐迪彦、戴春 校

整个意大利半岛和美国的亚利桑那州差不多大小。意大利最大的城市罗马，人口不足300万，而米兰人口仅为其一半。更重要的是，意大利人已经习惯了小的事物：狭窄的街道、菲亚特500车型（Fiat 500s）以及小杯蒸馏咖啡。但是去年，转机出现在米兰和都灵之间的高原上。在几个月的时间里，意大利拥有着世界上最庞大的建筑工地，由罗马建筑师福克萨斯设计的米兰博览会场馆（Fiera di Milano or Milan Trade Fair）绵延了整整1英里。它拥有210万ft²的土地，提供了2万个车位以及24个餐馆。无论从哪一个角度来说，这都当之无愧地称得上是一个巨构。

"米兰博览馆实际算不上是个建筑，"福克萨斯说："因为它实在太大，大到差不多能住得下5万人。"福克萨斯认为它"本身就是一个城市"——但它毕竟不是。米兰博览馆是一个集会中心。一开始福克萨斯就抓住了巨构建筑类型的极具挑战之处：易辨性。应当如何设计才能避免人在如此巨大的空间内晕晕乎乎地只会乱打转呢？

福克萨斯使用许多方式来解决这个问题。首先，他在建筑中营造了很强的中心感，从而将观者的注意力持续集中在室内。一个玻璃天棚将建筑整体平分为两部分，同时却又将一些相异的因素松散地联结在了一起。这个如波涛般起伏的天棚被工人称作船帆（vela），在意大利语里即航行的意思。天棚由菱形和三角形网格的钢架构成，节点间镶嵌着三角形的玻璃平板。除了用细型钢柱支撑屋顶外，还使用了玻璃和钢质如漩涡般的抛物线型支撑物。这种做法让天棚看起来好像漂浮，只是在此处或彼处或触及一下地面。

Paul Bennett，罗马作家，原《景观建筑》杂志编辑。

和所有的玻璃房屋一样，天棚反射和折射了大量的光线，因此从任何地方都可以看到它夺目的光亮，即使在建筑内部最暗处也不例外。人们总能感觉到建筑的中心所在。天棚之下，一条带着朦胧蓝色架高的步道纵向穿越全程，让人感觉像是行走在空中，甚至在宇宙中，被强烈的光线和波浪形的玻璃包围着。

沿着这条作为主要道路的光亮的玻璃长廊，一系列单体建筑一线排开，承担着这个建筑群体举办的众多活动。为了使建筑整体上看起来具有连续感，福克萨斯创制了一种严格的建筑类型学手法，将每个单体的功能进行划分，共划分出四种类型。8个展览厅是具有高度功能性，或者说产业性的仓库，将要设置数量众多的交易展台。在这些530ft宽、730ft长巨大的呈矩形盒状的建筑屋顶上，遍布着类似喷嘴的突起物。整个建筑体由磨光的钢材覆盖，面对天棚的立面为橘红色。这一亮丽的色彩使它们在原本显得过于空旷的空间里变得易于辨识。基地中央矗立着一个玻璃和钢质的巨大锥体，是这个建筑群的"服务中心"，包括一个主门厅、一个大礼堂、一个会议室以及若干技术室。接下来便是沿着步道分布的20个小餐馆和咖啡馆，有着波浪形的立面，以玻璃为材质，并以钢柱为支撑，得以与步道高度齐平。几个会议厅也与步道齐平，并被设计成好像几个不锈钢包裹的小水滴模样。同样沿步道布置的还有博览馆的行

项目：米兰博览会，意大利
建筑设计：福克萨斯工作室
主创人员：Massimiliano Fuksas
艺术指导：Doriana O. Mandrelli

项目建筑师：Giorgio Martocchia, Angelo Agostini, Ralf Bock, Giuseppe Blengini
承包人：Astaldi, Vianini, Pizzarotti
结构工程师：Schlaich Bergermann und Partner

一条长达1英里的高架步道（左图及上图）穿越基地中心。步道上方覆盖着天棚，天棚在博览会建筑群中蜿蜒穿梭，却并不碰触到任何建筑物。这个"船帆"以固定间距的树状立柱进行支撑；每根树状立柱有六个分岔，其中两个靠内的用作排水管道。偶尔这个玻璃和铝覆面的天棚也会触碰地面，其形状有如火山或半座火山（对页剖面图），而有时，天棚也会借力于其下的建筑。标志性的屋顶则指示了博览会的入口所在。

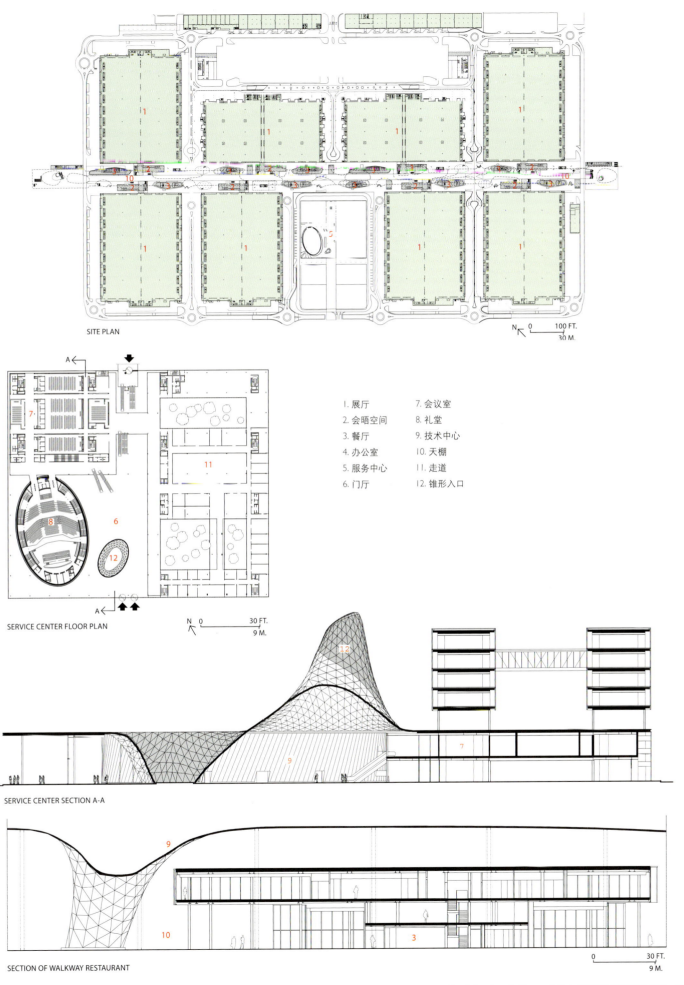

SITE PLAN

SERVICE CENTER FLOOR PLAN

1. 展厅
2. 会晤空间
3. 餐厅
4. 办公室
5. 服务中心
6. 门厅
7. 会议室
8. 礼堂
9. 技术中心
10. 天棚
11. 走道
12. 锥形入口

SERVICE CENTER SECTION A-A

SECTION OF WALKWAY RESTAURANT

福克萨斯绘制的概念草图先制成了模型（下图），尔后用犀牛建模软件进行了数字化。不断的对建筑形式的实验创造了这个流畅而毫无僵硬之感的形体。临近中轴线的玻璃和钢质立方体建筑用作办公室，从中可以望到天棚的树状立柱（对页图）。

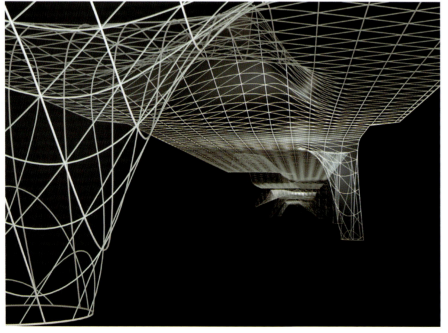

不规则形状玻璃表面的网格拓扑与结构行为

所谓 logo（意大利语"标志"的意思）部分是指入口处至交易场地 121ft 高的玻璃屋顶。屋顶的 vela（"船帆"）部分连接着各个独立的展厅，全长达 4265 英尺，分为 12 个区域，每个区域约长 328ft。屋顶与树状立柱采用非固定式衔接，与"倒置火山"或说漏斗形处则采用固定式，以控制气温变化时导致的材料变形。这片 logo 屋顶大部分以双层曲面构成，整体形态自由奔放，因此需要三角形网状结构如同外壳般对其进行有效负重。Logo 和 vela 部分都主要以钢材焊接而成。但由于这些结构元素都是先在别处预制之后才运至现场装配起来，因此现场无须大量的焊接工作。

资料来源：*International Journal of Space Structures*, Vol. 20, No. 1, 2005.

政办公空间，是一些简约的玻璃和钢质盒状构造。

在步道下的地面层，每个建筑单体都有富于特色的景观处理。像水滴一样的会议室各配有一个铺满碎石的水池，波浪形的餐厅布置了竹林，办公室则用草地。这样做的目的是要创造一个具有梦幻色彩的建筑环境以及一个连续的空间。行人可以立刻判断出眼前是餐馆还是展厅。这些建筑单体虽因其巨大的尺度而具有压倒之势，步道下方景观的尺度之大也近乎有些骇人，但一切却都没有令人费解难辨之处。

福克萨斯通过尺度和建筑朝向使整个博览馆结构具有易辨性。除了一些环绕步道散布的小型广场之外，博览馆的其他部分都面对着天棚：天棚是主要轴线和某种意义上的主干道。直接濒临步道而建的如餐馆和会议厅往往比较小，稍稍向后退开一些的单体如展厅则要大得多。

在意大利，对于空调的要求并不很高，这个有利条件使得福克萨斯不必要将所有元素都放在一个封闭的空间中，而是在一个开敞的自然景观中，避免了过于矫揉造作的倾向。独立式的天棚并非任何单体建筑的一部分，当它蜿蜒穿越整个基地时，便形成了介于建筑和雕塑形式之间大量的具有不同趣味的交叉点。

大约10年以前，米兰市开始意识到它所举办的各种会议和展览，包括一年一度的家具展，虽然在文化上具有一定的重要性，但在全球贸易展览的激烈竞争中正在被其他城市如芝加哥和法兰克福迅速超越。于是，建造这个大型博览馆的想法萌生了。同时，欧盟也正有意投资一项棕地改造工程，该工程位于米兰到都灵之间的工业与后工业都市郊县地带，全长77英里。如果意大利愿意在一条连接东西意大利与欧洲北部的主要道路交叉口建造一个造价为70亿美元的贸易展览综合体，欧盟则同意负责清理这个地块上过去意大利阿吉普公司（AGIP GAS BV）炼油厂的旧址。这项清理工作费时一年有余，包括对土地进行有害物质的大规模移除和化学清洗，而福克萨斯是在这一切结束后才开始接触这个设计项目的。

每个建筑单体都有富于特色的景观处理：像水滴一样的会议室各配有一个铺满碎石的水池（上图），波浪形的餐厅布置了竹林，架高的办公室则用绿色的草地（右图）。会议厅（对页）是巨大的（530ft×730ft）长方形盒状结构，包裹在抛光的钢材之中，并拥有敞亮的采光口。

据项目现场建筑师Giuseppe Blengini介绍，福克萨斯的设计同公司以前的项目设计过程完全相同。由福克萨斯先设计一张粗略的、概念性的草图。在这个方案中，起伏的形体来自于当地的景观，是自然元素（河流蜿蜒穿越平原）和一些非自然元素（包括象征意大利北部工业化景观的钢质山峰）的混合。然后按照草图做成模型，并通过犀牛建模软件使模型数字化。犀牛建模软件深受工业设计师的喜爱，并且有益于塑性工作。Blengini说由于福克萨斯经常珩磨某个细部，因此在草图、模型和电脑之间的推敲会不断重复许多次。

虽然天棚看上去很复杂，但是由于大部分使用了标准化的三角玻璃窗，因此使工程相对便于建造。整个工程费时27个月，相对于意大利来说已是闪电般的速度。福克萨斯说："在完成了开始的328ft后，我们的速度加快了。困难在于建筑的整个形象，由于尺度如此巨大，直到项目结束，我们才算完全理解了整个工程。"

米兰博览会这样的建筑也许永远无法像米兰众多的小型古典建筑那样招人喜爱。即使是摩天大楼，也不比这个纵横郊县1英里的展览馆走得更远。但是福克萨斯面对这样的挑战，作出了有意义的贡献，创造了一个奇妙的空间。人们甚至会期望在步道的末端看到圣彼得大教堂，但同时它又并不复杂难明，而且方便好用。它使参展的人们得以从排山倒海的纸板箱、苦涩的咖啡、令人生厌的买卖之声这些非人性化的展览环境中解放出来。相反，在这里，沿着步道，奇幻美景源而来。人们会惊讶地发现，在单体建筑接近天棚的地方，几何形状组成各种有趣的图案，令人眼花缭乱；或者发现脚下的景色是一个不锈钢的水滴形体悬挂在浸润着牛奶般光线的反射水池中。这座由建筑形式、体量以及光线构成的卓越建筑环境使我们摆脱了处于平凡的展示空间里的感觉，并一再提醒我们建筑有时并不仅仅是生活的容器。■

材料供应商
玻璃屋顶（中轴，服务中心）：MERO GmbH
幕墙：Permasteelisa
钢结构：Icom Engineering, Ask Romein, Carpentieri d'Italia

屋顶构件：Bemo Systems
照明系统：Lampada Lavinia 及 Guzzini 的 Doriana 与 Massimiliano Fuksas

登陆 www.architecturalrecord.com "项目"栏了解更多有关此项目信息

这一现存厂房以涂锌的巨大的锯齿形天窗为特色（本页及对页上图）。根据不同生产流程的需要，建筑高度呈现三层递减的样式。雅各布+麦克法兰事务所用玻璃制顶将原有锯齿与一度曾是自助餐厅的一个较小的构件组合到了一起（对页二图）。

雅各布+麦克法兰事务所将旧有的一个厂房综合体改造成雷诺汽车公司集团的展示中心,使其重焕生机

Jakob + MacFarlane Transforms an Existing Shed, Erected for a Factory Complex, Into the Vibrant Renault Square Com Communications Center

By Philip Jodidio 胡沂佳 译 徐迪彦、戴春校

原计划作为雷诺汽车公司制造大楼设计的Métal 57于1984年临近竣工时几乎被废弃。并不是汽车的生产技术在此建造过程中发生了翻天覆地的变化,而是雷诺公司内部机构的重大调整使得这个位于巴黎近郊的巨大的砖石敷面厂房失去了其使用价值。因此,汽车金属零部件装配车间Métal 57从来没有作为一个车间进行运作,而通常只有草敷仓库的功能或只是车辆内销的临时场所。多年以来,有关这一厂房的改造问题一直颇受争议,甚至还面临着被拆毁的危险。直到将近20年后,巴黎雅各布+麦克法兰事务所在一项设计竞赛中中标,才欲将其改造成雷诺公司的集团交流中心。这一项目已于近期完成,并终使Métal 57重焕生机。

然而这栋建筑的故事远远超越了它的砖头墙面或是锯齿形的大屋顶,而与雷诺公司的发展历程紧紧相连。雷诺在巴黎西郊布洛涅-比扬古(Boulogne-Billancourt)的瑟甘岛(Séguin Island)初创之时,既寒酸又毫不起眼,但随后整个公司机构逐渐发展壮大。瑟甘岛在法国的工业史中占据着比较特殊的地位,1898年,汽车工业的先驱路易斯·雷诺(Louis Renault)在那里创立了该企业,并以自己的名字命名。直至20世纪中叶,该企业的设计、制造及行政管理部门发展的占地规模已接近154英亩(623700m²)——其中22英亩(89100m²)仍位于瑟甘岛,其他的都位于塞纳河右岸(the Seine's Right Bank),与之隔水相望。

这些建筑陆续建造于20世纪20至50年代,公司犹如一个小城镇般膨胀了起来。到20世纪80年代早期,公司开始实施一项宏伟的计划,采用最新的建造技术把原有的老化结构都替换掉,并把这一任务委托给了建筑师克洛德·瓦斯科尼(Claude Vasconi),以期用20栋新建筑来取代现有的老建筑。但遗憾的是,这个计划很快遭遇了一个时期的动乱与剧变,当企业在此后重整旗鼓时,采取了非集权化的策略,这种策略在制造部门已成为一种初露端倪的趋势。

正当位于塞纳河右岸的Métal 57接近完工时,雷诺汽车公司将其研究与创作技术中心迁往了凡尔赛附近的Guyancourt,而后又将其加工制造部门迁往了法国的西部。1984年,整个更新计划陷于停顿,瓦斯科尼只剩下了一栋建筑孤零零地立在场地上。作为法国国家最高建筑奖(Grand Prix National d'Architecture)的赢家,占地15.6万ft²的Métal 57装饰着涂锌天窗、钢桁架、粗壮的混凝土梁柱、旋转起重机及为适应不同生产需要而设的6m、9m、12m(约

Philip Jodidio,巴黎新闻记者,有众多建筑方面专著。

项目名称:雷诺汽车公司集团交流中心,布洛涅-比扬古,法国

建筑设计:雅各布+麦克法兰事务所

主创人员:多米尼克·雅各布(Dominique Jakob),布伦丹·麦克法兰(Brendan MacFarlane)

项目设计师:Patrice Gardera

项目团队:Sébastien Gamelin,Christian Lahoude, Petra Maier, Jean-Jacques Hubert, Antoine Santiard, Antoine Lacoste, Andrei Svetzuk, Oliver Page, Eric Page

材料供应商

五金器具:d line;Dorma

吸声织物:Texaa

管道设备:杜拉维特(洁具)Corian(定制水槽)

这些"褶皱"的墙面（本页及对页图）既为汽车展示提供了背景，也为项目文本演示提供了投射屏，并且部分墙面的结构设计可作汽车的展台。原有厂房的移动式起重机龙门架可用于搬运汽车，且齐平于地面的展示空间也有利于车辆的进出。

10ft、20ft、30ft）三个不同的高度。

但是七年之后，雷诺公司关闭了该厂房。其主管认为更新老建筑投资过巨，而且在一个大城市附近经营这么一个厂，前景不容乐观。自此以后，对Métal 57及其周遭剩余场地的改建计划包括了一份充分利用该154英亩地建造廉租屋和科研基地的政府建议书。由伦佐·皮亚诺（Renzo Piano）和景观设计师亚历山大·切梅托夫（Alexandre Chemetov）共同提出的总体规划要求保留大部分现存建筑，而后来一份迎合当地政客的计划却迫切要把这里的厂房夷为平地。最后，建筑师J·努韦尔（Jean Nouvel）在世界报（Le Monde）上发表了一篇极具讽刺意味的文章，呼吁保护这些工业建筑，以引发人们对其重新评价。于是那些政客们只好宣称要拯救一些这样的厂房，尤其是Métal 57，称它们"承载了法国工人阶级的记忆"。

在20世纪90年代后期，雷诺公司就开始拍卖旗下所属的一些厂房：首先把位于瑟甘岛上游部分的厂房卖给了大商人弗朗索瓦·皮诺（Francois Pinault），另一部分卖给了布洛涅-比扬古市。2001年，皮诺邀请安藤忠雄（Tadao Ando）为其设计一个当代艺术中心，与Métal 57直接隔河相望。但据他所述，由于来自政府方面的一些延宕，使他被迫于2005年取消了这一项目。

2001年，雷诺公司举行了一次设计竞赛，意图把Métal 57改建成一个集团交流中心。列席评审团的也包括克洛德·瓦斯科尼（Claude Vasconi）。他们最后选定了雅各布+麦克法兰事务所；该事务所因其设计的蓬皮杜中心（Pompidou Center）顶层乔治酒店（Georges Restaurant）而闻名（见《建筑实录》，2000年9月，第128页）。雷诺公司的决策者们希望这一中心可以作为他们拥有250至300名员工的公关团队的基地，同时也可作为向媒体及业界展示新车的场地，亦可邀请公司遍布全球的市场销售人员来到此处。另外，它也能作为会议、娱乐、餐饮及其他展示雷诺汽车的活动场所。它有一个完备的大车库，停放着最新款的试发车型。任务书还要求有三个分别能容纳500、300及100人的大报告厅，以及4.08万ft^{2}的展示空间、七个能机动的研讨室、一个记者

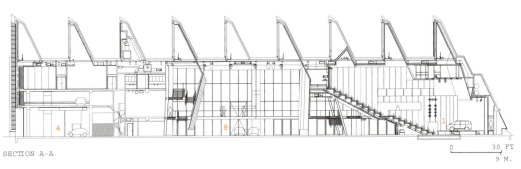

SECTION A-A　　0　30 FT / 9 M.

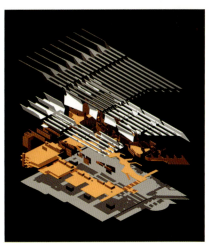

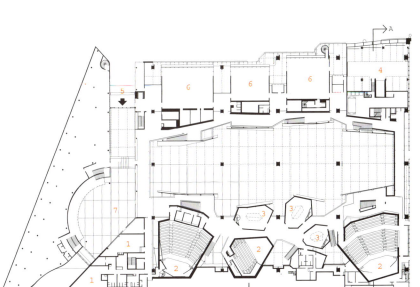

UPPER LEVEL　　N　0　30 FT / 9 M.

1. 办公室
2. 剧场
3. 会议室
4. 停车库
5. 入口（下图）
6. 研讨室
7. 门厅（下图）
8. 展厅

整个内部空间就像是用一系列的插件组合而成的（上图）。封闭的会议室和报告厅（黄色部分）的形状是非常规整的，其上三个不同高度处分别设置着天窗。"褶皱"的墙面（白色部分）沿东西走向，而木质（棕色部分）附面的这些封闭体量则主要沿南北走向。

室及若干办公室——都整合在这个广阔的空间内。底层空间的任何部分，包括报告厅，都必须能方便地直达汽车展示空间，而且外立面必须完整保留。不过，建筑师们后来也获准在建筑的一端加了个玻璃幕墙，另一端加了个透光中庭，从那里通过一个小小的人行天桥，即可到达主楼原来的职员餐厅（现已改为办公室）。

这一斥资2750万美元的改建项目于2005年终于尘埃落定。它非常成功地营造了一个开敞通透的理想汽车展示空间。这个宽敞的展示场部分由3in厚、树脂外包的铝面蜂巢结构面板构成。裸露的钢架构支撑着白色墙面的弧度，使得展示的汽车犹如艺术品般精致。麦克法兰指出："墙体的材料是用于建造航天飞机的，非常平整和轻盈。"这些由钢桁架悬吊、被他形容为"褶子"的折叠构件由于锯齿形屋顶的60°角度而构成了丰富的几何图形。有些墙面可以作为图像和文本演示的背景。"整个室内空间就像是为展示而设的精妙仪器"，马克菲而兰说，"就像是一部移步换景的影片。"

建筑师们保留了Métal 57原有的高架移动起重机，现在它被用来把汽车提到展墙上。雅各布＋麦克法兰事务所同时在天窗中间放置了一系列的钢架梁，这样不仅能容纳电灯组件，而且能悬吊汽车，使它们如同失重一般悬浮在空中。像这栋建筑在改造过程中增添的其他组件一样，沿展示空间铺开的倾斜展墙，仿佛漂浮在地板上一样，有效地与原有的旧结构区分开来。为了强调本来作为工业建筑的出发点，在主厅还保留了瓦斯科尼的混凝土入口。在新与旧的对话间，麦克法兰说："我们非常尊重其原有的状况——努力让这些车放置得适得其所。"

展厅东西轴线的一侧是报告厅和新闻设施，另一侧是办公室、研讨室和一个能容纳35辆车同时试车的车库。内墙外包木条和地毯的颜色从赭石到酒红依次渐变，赋予了每一个室内空间以独特的识别性和一种温馨的氛围。此外，过道、楼梯和人行天桥的侧向开口处将主空间的景观引入视野，创造了一种丰富的都市感。正因为有了室内"都市景观"的感觉，才使得报告厅和会议室都仿佛成了具有自身独立性的小型建筑。

最初的想法是一年举办数次展示会，那时建筑会向全体公众开放。但据麦克法兰说，以后雷诺汽车公司的集团交流中心将更频繁地向公众发出邀请，并将这些展示会扩大到艺术展览的规模。在Métal 57改造项目开始不久，这一建筑就成为城市发展战略的一部分。周边所有的场地都被犁平，只剩下建于1910年的最古老的雷诺大厦。随着巴黎地价的上涨，这一地块就获得了一项总体规划，其中包括居住区、商业区、公园、散步道、滨河景观和单轨铁路（然而，所有这些在近期都很难付诸实现，Pinault的撤回也使得这一项目的实施更举步维艰）。

急欲保留住这一地块上最后一片立足之地的雷诺公司，认识到维持与巴黎的亲缘关系成为公共舞台上更为活跃的一份子的重大价值（即在巴黎市内，这家公司在靠近巴士底狱遗址(Place de la Bastille)处拥有一个小型的设计师工作室，且从90年代开始，在香榭丽舍大道（Champs-Elysées）上拥有一片餐饮/展示空间）。

为了营造室内的都市感，建筑师们最大限度地保留了Métal 57壮观的核心空间。蜂巢形的面板运用有效地引入了一条主干道。这个微型的城市非常有效且经济地解决了很多其他方式完全无法解决的问题。值得肯定的是，Métal 57如此巨大的尺度并没有吓倒雅各布＋麦克法兰事务所的建筑师们——事实恰恰相反。■

在巨大的锯齿形屋顶下,这些折叠的墙板酝酿出许多私隐的空间,譬如会议室(对页右图)和过道(本页)。这些封闭体量部分以木纹面板作为饰面材料(本页及对页左图)。

7万 ft² 的技术中心（前）从墨菲／扬设计的总部建筑（后）里伸出来。

Krueck & Sexton 设计的新颖的舒尔技术中心与已有建筑相映成辉，共同构筑一个新的公司总部

Krueck & Sexton Designed the Sleek New Shure Technology Center to Complement An Existing Building and Define a Corporate Campus

By Cheryl Kent　郭磊 译　徐迪彦、戴春 校

舒尔（Shure）技术中心从倒闭的 HALO 公司那里买来它那还是崭新的、形象乍眼、在建筑设计上又十分大胆的总部，算是捡到了一个便宜货。

为了在芝加哥郊外某处建立一个新的总部，舒尔已经在毫无成果的谈判中花掉了两个令人沮丧的年头。

现在，购买了地处伊利诺州奈尔斯市的这栋已有建筑，看起来真是适得其所。这栋建筑设施先进（比如玻璃和钢材料的电梯，其机械系统显而不藏，梯身表面光滑锃亮，运行起来静无声息），环境宜人，令员工赏心悦目、令公众印象深刻。对于这家几十年来落户于各不相干的几处厂房样建筑中的公司来说，可谓一大飞跃。

此后，公司的管理层重新思考了他们的需要，并意识到这栋新的建筑还不能完全满足他们的期望。因此，始终引导着音讯产业潮流的私营企业舒尔公司开始考虑为这栋建筑增添一些新功能。

或许，过去通常在室外进行的产品测试流程可以移到室内来做。建立一个供新的无线产品测试用的放射频率室、一个精密的录音棚以及若干供演员利用公司设备试用新产品的试音室等都在期望之列。很显然，公司的这栋新建筑亟待扩建。

早在刚刚开始为公司酝酿一栋新建筑的时候，舒尔就与芝加哥的 Krueck & Sexton 建筑师事务所进行了商谈。现在，公司打算让事务所重新介入 HALO 大楼的扩建工程。随着业主与建筑师交谈的深化，项目面积从 2.5 万 ft² 增加到了 7 万 ft²。

舒尔希望尽可能保留这栋由墨菲/扬设计的现有建筑，同时也坚持要求它能够与加建的新结构相协调。如果另外设计一个独立的建筑，可能会使两者间的兼容问题变得容易解决一些；然而，舒尔公司此次搬迁新址的目的，很大程度上正是为了将公司的工程及设计部门与行政管理部门紧密地联合起来。

做为建筑设计公司，无论是 Krueck & Sexton 还是墨菲/扬都有各自独到的手法。墨菲/扬的设计特立独行，往往能在一瞬间吸引人的眼球；而 Krueck & Sexton 的设计则细腻微妙，让人越看越有味道。一幅不好的画或是一张不够品位的椅子就可以毁掉 Krueck & Sexton 的整个室内效果；而在墨菲/扬的项目中，一个错误的举动可能造成的影响就会小得多，因为早被其环境掩盖了。

Krueck & Sexton 为舒尔设计的增建部分照顾了双方的偏好。他们做的第一件事就是从现有建筑中借一个角，将其钢结构技术的中心偏离墨菲/扬的混

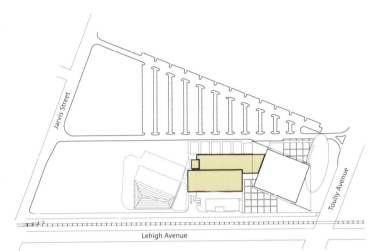

凝土结构总部之外，而将新的结构设置在一个高敞的玻璃天篷之下——这个天篷正是墨菲/扬设计最显著的特征之一。这种做法的结果，使得 Krueck & Sexton 的设计既是原有建筑的扩充，又是原有建筑有机的组成部分。

这个独创性的解决方案显示了新旧两个部分既分离又密切的关系。此外，它还有一个好处，就是将新结构与一条长长的车道并置，形成了这个项目直角形的特征。从这一点开始，整个加建部分就按着四边形的规置铺开，形成了一

Krueck & Sexton 设计的技术中心（上图），就像相互间连续变化的一系列盒子逼近总部大楼。

项目：舒尔公司技术中心，奈尔斯市，伊利诺伊州

建筑设计：Krueck & Sexton 建筑师事务所

主创人员：Ronald Krueck，美国建筑师协会会员

项目负责人：Mark Sexton，美国建筑师协会

项目指导：Thomas Jacob Assoc. 美国建筑师协会

项目建筑师：Antonio Caliz

项目团队：Greg Schmidt, Jake Watkins, Ulrik Winert, Parus Kiravanich

室内设计：Jeanne Hartnett & Associates

工程师：Tylk Gustanfson Reckers Wilson Andrews（结构）CCJM 工程事务所（机电）Cowhey Gudmundson Leder（民用）

顾问：Daniel Weinbach & Partners（景观），Schuler & Shook（照明）Kirkegaard Associates（音响）

承包人：Harbour Contractors

个独具特色的独立实体。

　　这个特征既是水平的，也是动态的。在它的每一边上，体量和表面都在细微却连续地变化着，让人联想起乌德勒支（Utrecht）的 Rietveld-Schroeder House 或是蒙德里安（Mondrian，荷兰画家）的三维画。从平面图上看，加建的部分就像是两个长方形的盒子，而其中一个滑到了另一个的前方。

　　这两个盒子中的一个包含了工程组所使用的区域以及其他的办公室，另一个有2层楼，开间净跨度40-50ft，包含了专门用于测试和表演的设备及一个建模车间。这个滑动盒子的主题同样也应用到了剖面和立面上。例如，一个用于放置制品的白色正方体体块突出于建筑的东面，就好像是被推了出来。

　　同样地，与第一层相比，整个第二层又向前伸出了一截，形成了一个有顶的走道，穿越了整个正立面。Krueck & Sexton 事务所把总部的垂直开窗的模数提取下来，并把它旋转90°加在第二层的扩建部分，强化了两个建筑之间的关系，同时也强化了新建筑的水平感。一个固定的钢网从顶层突出来，既在一定程度上避免了阳光直射，又不阻挡室内向外眺望的视线。这个网与锯齿形幕墙一起，使得正立面显得生动活泼起来。

　　建筑师把大厅放在复合体的转角处，这个点是加建部分与原有建筑的相接

1. 大厅
2. 研究室
3. 消声室
4. 收听中心
5. 供应部门
6. 无线电频率室
7. 模拟室
8. 卸货台
9. 工程室
10. 档案中心

Krueck & Sexton 用装有百叶的网板 保护东立面（上图及对页下图），同时通过玻璃可以清楚地看到里面（对页上图）

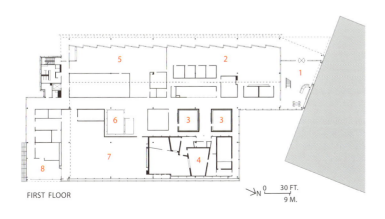

FIRST FLOOR

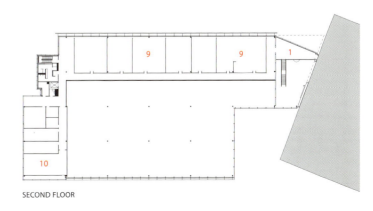

SECOND FLOOR

虽然建筑的基底面积非常大,从地板直到顶棚的玻璃幕墙以及室内分割还是为整个空间带来了足够的阳光(反面,上)。一条宽敞的走廊成为了一条室内的街道(右下图),而一座镶嵌玻璃的步行桥(左下图)为建筑的第二层提供了视点。

点。也是在这个点,阳光从东西两个方向的玻璃幕墙投射进来,撒满了这个拥有两倍高度的的空间。顶层经过半熔处理的玻璃构成了一个半透明的屏幕。一个定制的、冲压钢材料的楼梯也能够透光;这道楼梯通向二层的办公室和一条联结新旧建筑的走道。在整个加建部分,建筑师大量采用了玻璃,而较少采用钢材,就是因为它具有特别透明的性质。

在有一些需要不透明的区域,如工业制品与测试区,玻璃背面都被涂实,这样看起来就是纯白的。由于Krueck & Sexton并不全权负责新的办公空间的室内装潢,因此最后内部设计的质量并不很尽如人意。但是整栋建筑有着巨大的骨架,一条2层楼高的内街从中间横穿而过,采光和戏剧效果也从这里被引入到整个工作场所。

舒尔公司的周围混杂着购物中心、快餐连锁店以及通往附近高速公路的大道。在这个环境下,舒尔公司综合体的优良设计和明智的规划就好比沙漠里的一片绿洲。就像在许多高雅的地方一样,舒尔公司把两个不同的部分连接在一起,而Krueck & Sexton让他们一起运行。■

材料供应商
金属玻璃幕墙:Baker金属制品公司;Architectural Wall Solutions (AwallS)
组合屋顶:Garland
半熔玻璃:Viracon
旋转玻璃门:Crane
金属门:Ceco Door Products

消声吊顶:USG (Halcyon ClimaPlus)
弹力地板:U.S. Flooring
地砖:Interface
卤化金属陶瓷灯具:Holophane
荧光吊灯:Lightolier

登陆 www.architecturalrecord.com "项目"栏了解更多有关此项目信息

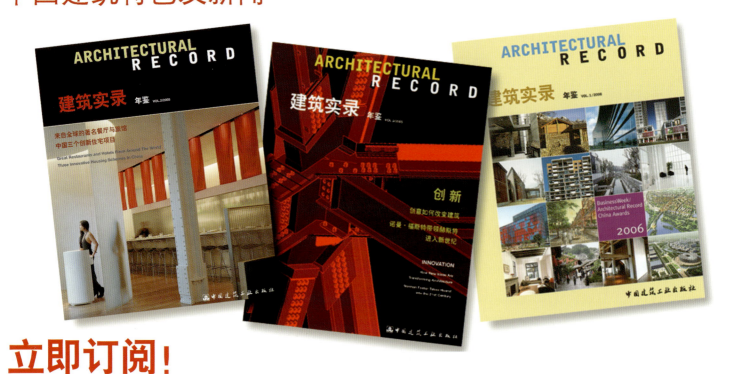